高 等 学 校 教 材

基础化学实验

第二版

马　育　主编

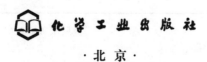

化 学 工 业 出 版 社

·北京·

内容提要

本书根据教育部大学化学课程教学指导委员会的要求，结合工程类专业的特点和近年来化学实验教学改革的实践编写而成。全书分为 4 章，第 1 章化学实验基础知识；第 2 章常用化学实验仪器及使用方法；第 3 章基本操作技能及化学原理实验；第 4 章综合实验及设计性实验。各实验项目相对独立，可根据实验教学内容的要求任意组合，实验内容涉及大学化学、无机化学及有机化学等多门课程的实验教学项目 36 个。在实验项目设计上突出基础理论的运用、实验技能的训练以及化学综合能力的培养。

本书可作为高等院校的化学实验课教材，供应用化学、材料、环境、给排水、土木、水利、港航、地质、机械、电气、航运等近化学化工专业或非化学化工专业的学生使用。

图书在版编目（CIP）数据

基础化学实验/马育主编 . —2 版 . —北京：化学工业出版社，2014.9（2020.9重印）
高等学校教材
ISBN 978-7-122-20854-5

Ⅰ.①基… Ⅱ.①马… Ⅲ.①化学实验-高等学校-教材 Ⅳ.①O6-3

中国版本图书馆 CIP 数据核字（2014）第 117845 号

责任编辑：宋林青 　　　　　　　　　　　文字编辑：徐雪华
责任校对：吴　静 　　　　　　　　　　　装帧设计：史利平

出版发行：化学工业出版社（北京市东城区青年湖南街 13 号　邮政编码 100011）
印　　装：北京虎彩文化传播有限公司
787mm×1092mm　1/16　印张 7¾　彩插 1　字数 193 千字　2020 年 9 月北京第 2 版第 5 次印刷

购书咨询：010-64518888 　　　　　　　　售后服务：010-64518899
网　　址：http://www.cip.com.cn
凡购买本书，如有缺损质量问题，本社销售中心负责调换。

定　　价：18.00 元

前　言

《基础化学实验》一书自 2009 年出版发行后，受到广大读者的好评，被一些高校选为教学用书，印刷多次。近年来，随着高校化学教学改革的迅速发展，化学实验项目在绿色、微型、综合性等方面取得了许多重要的改革成果。为使教改成果更好地转化为教学资源，我们对本教材进行了修订。改版后的教材保持了原来的体系和特点，对具体内容做了增补和调整，使之更具适用性和合理性。

作为一门基础实验课程用教材，本次修订对原书的第 1、2 章未做大的改动。第 3 章基本操作技能及化学原理实验部分改动较大，删减了污染较大的元素性能实验和陈旧滞后的电光天平的内容，增加了有机化学实验和综合化学实验的比例。

本版教材在内容组织安排上，以基本理论、基础知识和基本技能训练为中心，围绕应用化学及理工科相关专业学生的培养目标要求，重点放在化学实验知识及技能的学习和掌握上，通过实验内容的试剂微量化、方法绿色化，以尽量减少化学实验带来的环境问题；通过基础实验和综合性实验有序开设的方式提高学生的化学实验技能，培养学生应用化学知识解决实际问题的综合能力。

本教材是重庆交通大学化学教学部全体教师和实验技术人员集体智慧的结晶，由马育主编并统稿。参加编写的人员有牟元华、汤琪、柳军、袁小亚、王孝华、饶晓蓓、严春蓉等。

本教材在编写和出版过程中得到了重庆交通大学教务处的大力支持，对此我们表示衷心的感谢。同时，对参考文献中的各位作者致以诚挚的谢意。

鉴于编者学识及经验有限，书中难免有疏漏和不妥之处，敬请读者指正。

编者
2014 年 5 月

第一版前言

本教材根据专业培养目标和教学大纲的要求，结合重庆交通大学工程类专业的特点和多年来化学实验教学改革的经验编写。全书共分为5部分：化学实验基础知识；常用化学实验仪器及使用方法；基本操作技能及化学原理实验；综合实验及研究性实验（含设计性实验）；附录。在实验项目设计上突出基础理论的运用，实验技能的培养。对于设计性实验和综合性实验，在编排上突出化学知识的交叉和学生自主创新能力的开发，并提供相关文献或实验提示供学生预习时借鉴。实验内容力求反映当前化学实验教学的新成果，涉及范围包括大学化学、无机化学及有机化学等多个科目。各实验项目相对独立，可根据实验教学内容的要求任意组合，适合于材料、环境、土木、水利、地质、机械、电气、航运、车辆等近化学化工专业或非化学化工专业使用。

本教材是重庆交通大学化学教学部全体教师和实验技术人员集体智慧的结晶。参加编写的人员有马育、牟元华、汤琪、柳军、袁小亚、王孝华、饶晓蓓等，全书最后由马育统稿和定稿。

本书在编写和出版工作中得到了重庆交通大学教务处的大力支持，对此我们表示衷心的感谢。限于编者水平，书中难免有不妥之处，敬请读者批评指正。

编者

2008 年 11 月

目　　录

第 1 章 化学实验基础知识

1.1 化学实验目的

化学是一门以实验为基础的学科，化学实验是化学教学中不可缺少的重要组成部分。在全面推进素质教育的形势下，化学实验作为高等理工科院校化学、化工、材料等专业的主要基础课程，在培养未来科技人才的大学教育中，占有特别重要的地位。通过实验教学过程，要达到以下目的。

① 通过观察实验事实，完成从感性认识向理性认识的过渡，加深对化学理论课中基本原理和基本知识的理解和掌握，培养从化学实验实践中获取新知识的能力。

② 对学生进行科学实验方法的基本训练，使学生能正确掌握化学实验的基本操作、基本技术和技能以及正确使用基本实验仪器，培养学生的独立工作能力和独立思考能力；培养学生细致观察和记录实验现象、归纳和综合知识、正确处理数据、分析问题、用文字表达实验结果的能力，以及一定的组织实验、科学研究和创新的能力。

③ 培养实事求是的科学态度，严谨、细致、准确等良好的科学习惯、科学精神以及科学的思维方法，培养敬业、一丝不苟和团队协作的工作精神，养成良好的实验室工作习惯，为今后的工作奠定良好的基础。

④ 了解实验室工作的有关知识，如实验室的各项规则，实验室工作的基本程序；实验室试剂、物资和仪器的管理；实验时可能发生的一般事故及其处理；实验室"三废"的一般处理方法等。

⑤ 培养学生阅读实验教材和实验技术与仪器使用等方面的自学能力。通过实验演示培养学生观察现象及领悟问题的能力，通过网络文献资料的查询培养学生获取知识的能力。

经过本课程的学习和严格的实验训练，使学生具有一定的分析和解决较复杂问题的实践能力，收集和处理化学信息的能力，文字表达实验结果的能力以及团结协作精神。

1.2 化学实验学习方法

本课程所选基础实验都较成熟，因而也较容易得出结果，但不应就此认为所有的实际问题都能如此顺利地解决。学生要多问自己几个为什么，去深入了解这些实验所蕴涵的化学理论，掌握实验技术和技能，探索最合理的实验方案，使自己能在"知识"和"应用"之间架起一座"能力"之桥。简言之，基础化学实验的学习大致可分为实验预习、认真实验并做好实验记录、写出实验报告三个环节。

(1) 实验预习

实验预习是化学实验的重要环节，对实验成功与否、收获大小起着关键作用，学生在进行实验前必须对所做实验进行认真全面地预习，以便对所做实验内容有全面的了解，做到心中有数，并按要求将预习结果写在实验记录本上。预习的主要内容有：实验目的、原理、反应式、所用仪器、药品性能、操作步骤、注意事项、实验进度、时间的充分利用、安全事项、问题等，有时往往需要求根据实验内容从有关手册或参考书上查出有关试剂、原料、产物的物理常数。可事先写成预习报告，一目了然，作为实验的直接指导。

（2）认真实验并做好实验记录

学生在教师指导下独立地进行实验是训练学生正确掌握实验技术，培养独立工作、分析问题、解决问题能力的重要手段。学生实验时，原则上应按照实验教材上所提示的内容、步骤、方法要求及药品用量进行实验，对设计性实验或者一般实验提出新的实验方案，应与指导教师讨论、修改和定稿后方可进行实验。并要求做到如下几点：

① 认真操作，细心观察，及时如实、详细而准确地将观察到的实验现象和数据记录在记录本上，不能随意记录在纸片上，更不能转移、涂改。原始记录须请指导教师检查、认可并签名，留作撰写实验报告的依据。

② 如果发现实验现象和理论不符时，应首先尊重实验事实，并认真分析和检查原因，并细心地重做实验。必要时可做对照实验、空白实验或自行设计的实验来核对。直到从中得出正确的结论。

③ 实验过程中既要动手又要动脑，要勤于思考，注意培养自己严谨的科学态度和实事求是的科学作风。有疑问时力争自己解决问题。若遇到疑难问题和异常现象而自己难以解释时，可以相互轻声讨论或询问指导教师。

④ 实验过程中应保持肃静，严格遵守实验室工作规则；实验结束后，应洗净仪器，整理药品，整洁实验台面，清扫实验室，检查水、电、气开关，关闭门窗等。

实验记录是实验的原始材料，必须及时记录，做实验时随做随记，杜绝写"回忆录"。实验记录要真实可靠。实验记录须经指导教师签字。

（3）写出实验报告

实验操作完成后，必须根据自己的实验记录进行归纳总结，分析讨论，整理成文，并及时交指导教师审阅。实验报告的撰写应该做到：叙述简明扼要，文字通顺，条理清楚；字迹工整，图表清晰，结论明确。

实验报告的格式，不同类型的实验略有不同，但主要内容一般应包括实验名称、实验日期、实验目的、实验原理（简要说明或反应方程式等）、实验仪器和药品、实验步骤（尽量用简图或流程图、表格、化学式、符号等表示）、实验现象和数据的记录与处理、实验结果、问题和讨论等。应注意，实验现象要表达正确，数据记录要真实、完整，不能随意涂改或弄虚作假（数据记录附在实验报告后，供指导老师批阅实验报告时审核）。实验结果包括数据的处理和计算（可用列表或作图形式表达），是根据实验现象，进行分析、解释后得出的结论。

1.3　化学试剂的规格和标志

化学试剂是指有一定纯度标准的各种单质和化合物。化学试剂基本上分为无机试剂和有机试剂两大类。根据其用途，可分为通用试剂和专用试剂两大类。

我国的通用化学试剂按纯度不同分为四级，即优级纯、分析纯、化学纯和实验试剂。目前实验试剂已不多见，取而代之为生化试剂，参见表1-1。

专用试剂是随着科学和工业的发展，对化学试剂的纯度要求越加严格、越加专门化的情况下而出现的，其纯度一般在 99.99% 以上，杂质量控制在 10^{-6}（ppm）级甚至 10^{-9}（ppb）级，如高纯试剂、色谱纯试剂、光谱纯试剂、基准试剂等。

化学试剂的纯度级别及性质类别，一般在标签的左上方用符号注明，规格注在标签右端，并用不同颜色加以区别。不同级别的试剂价格相差较大，应本着节约的原则在实验中选择试剂，不要盲目追求纯度高的试剂，以免造成浪费。

表 1-1　化学试剂的分级

试剂等级	优级纯 （一级）	分析纯 （二级）	化学纯 （三级）	实验试剂 （四级）	生化试剂
试剂符号	G. R.	A. R.	C. P.	L. R.	B. R.
标签颜色	绿色	红色	蓝色	黄色 棕色	咖啡色 玫瑰红色
用途	精密分析及科学研究	一般分析及科学研究	一般定性及化学制备	一般的化学制备	生化实验

1.4　化学实验室安全常识及事故的预防和处理

1.4.1　安全常识

进行化学实验时，常会使用水、电、煤气和各种药品、仪器。而许多化学药品是易燃、易爆、腐蚀性或有毒的，故在实验过程中要集中注意力，避免事故发生。为了确保操作者、仪器设备及实验室的安全，每个进入实验室进行实验的学生，都应遵守有关规章制度，并对一般的安全常识有所了解。

(1) 一般的安全常识

① 避免浓酸、浓碱等腐蚀性试剂溅在皮肤、衣服或鞋袜上。

② 实验中使用性质不明的物料时，要先用极小的量预试，不得直接去嗅，以免发生意外危险。易燃或有毒的挥发性有机物都应放置于指定密闭容器中。

③ 产生有刺激性或有毒气体（如 H_2S、Cl_2、Br_2、浓 HCl 和 HF 等）的实验，应在通风橱内（或通风处）进行；苯、四氯化碳、乙醚、硝基苯等的蒸气也会引起人中毒。它们虽有特殊气味，但因久嗅会使人嗅觉减弱，从而失去警惕，所以也应在通风良好的情况下使用。

④ 使用有毒试剂时应当小心，应事先熟悉操作中的有关注意事项。氰化物、As_2O_3 等剧毒试剂及汞盐都应特殊保管，不得随意放置。使用剧毒试剂的实验完毕后，应当及时妥善处理，避免自己或他人中毒。

⑤ 使用 CS_2、乙醚、苯、酒精、汽油和丙酮等易燃物品时，附近不能有明火或热源。操作大量可燃性气体时，严禁同时使用明火，还要防止发生电火花或其他撞击火花。

⑥ 防止煤气、氢气等可燃气体泄漏在室内，以免发生煤气中毒或引起爆炸。用完煤气后或遇煤气临时中断供应时，应立即把煤气阀关闭。煤气管道漏气时，应立即停止实验，通知有关人员进行检查、维修。

⑦ 特殊仪器及设备应在熟悉其性能及使用方法后方可使用，并严格按照说明书操作。当情况不明时，不得随便接通仪器电源或扳动按钮。

⑧ 加热试管时，管口不能对着自己或他人。不要俯视正在加热的液体。普通的玻璃瓶和容量器皿均不可加热，也不可倒入热溶液以免引起破裂或使容量不准。

⑨ 灼热的器皿应放在石棉网或石棉板上，不可和冷物体接触，以免破裂；也不要用手接触，以免烫伤；更不要立即放入柜内或桌面上，以免引起燃烧或烙坏桌面。

(2) 实验室安全用电常识

① 操作电器时，手必须干燥，不得直接接触绝缘性能不好的电器。

② 超过 45V 的交流电都有危险，故电器设备的金属外壳应接上地线。

③ 为预防万一触电时电流通过心脏，不要用双手同时接触电器。

④ 使用高压电源要有专门的防护措施，千万不要用电笔试高压电。

⑤ 实验进行时，应对接好的电路仔细检查，确证无误后方可试探性通电，一旦发现异常应立即切断电源，对设备进行检查。

1.4.2 常见事故的预防

(1) 火灾的预防和灭火

在有机化学实验中，常用的溶剂大多数是易燃的，而且多数反应往往需要加热，因此在化学实验中防火十分重要，要预防火灾的发生，必须注意以下几点：

① 实验装置安装一定要正确，操作必须规范；

② 在使用和处理易挥发、易燃溶剂时不可存放在敞口容器内，要远离火源，加热时必须采用具有回流冷凝管的装置，且不能用明火直接加热；

③ 实验室内不得存放大量易燃物；

④ 要经常检查煤气开关、煤气橡皮管及煤气灯是否完好。

一旦发生火患，一定要沉着、冷静。首先要关闭煤气，切断电源，迅速移开周围易燃物质，再用石棉布或黄沙覆盖火源或用灭火器灭火。衣服着火时，应立刻用石棉布覆盖着火处或赶快脱下衣服，火势大时，应一面呼救，一面卧地打滚。

(2) 爆炸事故的预防

实验中发生爆炸其后果往往是严重的，为防止爆炸事故的发生，一定要注意以下事项：

① 仪器装置应安装正确，常压或加热系统一定要与大气相通；

② 在减压系统中严禁使用不耐压的仪器，如锥形瓶、平底烧瓶等；

③ 在蒸馏醚类化合物，如乙醚、四氢呋喃等之前，一定要检查是否有过氧化物，若有，必须先要除去，再进行蒸馏，切勿蒸干；

④ 使用易燃易爆物（如氢气、乙炔等）或遇水会发生剧烈反应的物质（如钾、钠等），要特别小心，必须严格按照实验规定操作；

⑤ 对反应过于剧烈的实验，应特别注意，有些化合物因受热分解，体系热量和气体体积突然猛增而发生爆炸，对这类反应，应严格控制加料速率，并采取有效的冷却措施，使反应缓慢进行。

(3) 中毒事故的预防

① 反应中产生有毒或腐蚀性气体的实验，应放在通风柜内或应装有吸收装置，实验室要保持空气流通。

② 有些有毒物质易渗入皮肤，因此不能用手直接拿取或接触，更不要在实验室内吃东西。

③ 剧毒药品应由专人负责保管，不得乱放。使用者必须严格按照操作规程进行实验。实验中如有头晕、恶心等中毒症状，应立即到空气新鲜的地方休息，严重的应立即送医院。

(4) 常见事故的处理

实验过程中如发生意外事故，可采取下列相应措施。

① 玻璃割伤　伤口内若有玻璃碎片或污物，应立即清除干净，然后涂红药水并包扎。

② 烫伤或火伤　切勿用水冲洗。应在伤处抹上苦味酸溶液、万花油或烫伤膏。

③ 强酸或强碱腐蚀　酸或碱液溅到皮肤上时，先用大量水冲洗，再用饱和碳酸氢钠或2%醋酸溶液冲洗，最后再用水冲洗，涂敷氧化锌软膏或硼酸软膏。若酸或碱溅入眼内，应立即用大量的水冲洗，再用2%硼酸钠溶液（或3%硼酸溶液）冲洗眼睛，然后用蒸馏水冲洗。

④ 溴腐蚀伤　先用 C_2H_5OH 或 $10\%Na_2S_2O_3$ 溶液洗涤伤口，然后用水冲洗，并涂敷甘油。

⑤ 因不慎吸入少量刺激性或有毒气体如溴蒸气、氯气、氯化氢、硫化氢时，应立即到室外呼吸新鲜空气。

⑥ 不慎触电时，立即切断电源，或尽快用绝缘物（干燥的木棒、竹竿等）将触电者与电源隔开，必要时进行人工呼吸。

⑦ 起火时，不要惊慌。立即停止加热或关闭煤气总阀、切断电源，把一切易燃易爆物移至远处。小火用湿布、石棉布或沙子覆盖燃烧物，电器设备发生火灾用干粉或 1211 灭火器灭火，必要时报火警。

1.5　化学废物的处理及排放

凡是具有毒性、腐蚀性、强氧化性、强还原性、自燃性、恶臭的物质及其溶液，以及易燃、易爆物质均为危险化学品。如在实验中经常接触和使用的碱金属、金属氢化物、有机金属化合物、毒性气体、氰化物、酰卤、重氮化合物、硝基化合物、N-亚硝胺、过氧化物、毒性有机膦化物、氯磺酸、发烟硫酸、汞、重金属盐等皆属危险化学品，这些危险化学品一旦成为实验后的废气、废液和废渣（三废），就必须及时妥善处理或销毁，以免造成意外事故。实验过程中产生的"三废"可用下列方法进行处理，危险品废物处理可查阅相关的手册或资料。

(1) 废气

产生少量有毒气体的实验可以在通风橱中进行。通过排风设备把有毒废气排到室外；如果做产生大量有毒气体的实验时，应该安装气体吸收装置来吸收这些气体，然后进行处理。例如卤化氢、SO_2 等酸性气体，可以用 NaOH 水溶液吸收后排放。碱性气体用酸溶液吸收后排放，CO 可点燃转化为 CO_2 气体后排放。

(2) 废渣

有毒的废渣应埋在指定的地点，如有毒的废渣能溶解于地下水，会混入饮水中，所以不能未经过处理深埋。有回收价值的废渣应该回收利用。

(3) 废液

对于实验室中产生的废液要根据具体情况决定是否直接排放，若产生的废水对环境没有太大的影响则可以直接倾倒下水道；但通常化学实验中产生的废水含有某些重金属离子如 Cr、Hg、Pb 等，它们必须事先经处理才能排放。废酸和废碱溶液经过中和处理，使 pH 值在 6~8 范围，并用大量水稀释后方可排放。

① 含 Cr^{3+} 废液　加入消石灰等碱性试剂，使所含的金属离子形成氢氧化物沉淀而除去。

② 含六价铬的化合物　在铬酸废液中，可加入 $FeSO_4$ 或 Na_2SO_3 溶液使六价铬变成三价铬，然后形成氢氧化铬沉淀除去。

③ 含氰化物的废液　有两种方法。其一为氯碱法，即将废液调节成碱性后，通入氯气或加入次氯酸钠，使氰化物分解成二氧化碳和氮气而除去；另一方法为铁蓝法，在含有氰化物的废液中加入硫酸亚铁，使其变成氰化亚铁沉淀除去。

④ 含汞及其化合物　处理少量含汞废液经常采用化学沉淀法。在含汞废液中加入 Na_2S，使汞生成难溶的 HgS 沉淀而去除。

⑤ 含砷及其化合物　废液中加入 H_2S 或 Na_2S，使其生成砷化物沉淀而去除。

第2章 常用化学实验仪器及使用方法

2.1 常用玻璃仪器简介

化学实验室用于与液体或气体样品、试剂接触的仪器多为玻璃制品。出于耐高温、防腐蚀、提高强度等各种要求，有时还有用陶瓷、搪瓷、塑料、金属制品或木制品等。在化学实验室中由于无机化学、有机化学、分析化学及物理化学的许多操作重复性高，大量使用有标准规格的玻璃仪器。由于不同实验的特殊要求，许多化学实验室还使用一些非标准规格的玻璃仪器。

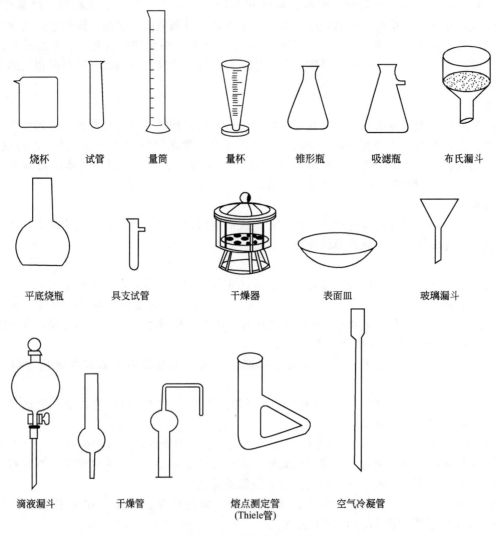

| 烧杯 | 试管 | 量筒 | 量杯 | 锥形瓶 | 吸滤瓶 | 布氏漏斗 |

| 平底烧瓶 | 具支试管 | 干燥器 | 表面皿 | 玻璃漏斗 |

| 滴液漏斗 | 干燥管 | 熔点测定管
(Thiele管) | 空气冷凝管 |

图 2-1　常用普通玻璃仪器

(1) 普通玻璃仪器

常用普通玻璃仪器如图 2-1 所示。

(2) 标准磨口玻璃仪器

标准磨口玻璃仪器的特点是磨口、磨塞的锥度均按国际标准 ISO 383—71 "玻璃标准口、塞部标准" 所规定的技术要求制造，所以同口径的磨口、磨塞都可以互换，使用极为方便。常用标准磨口玻璃仪器如图 2-2 所示。

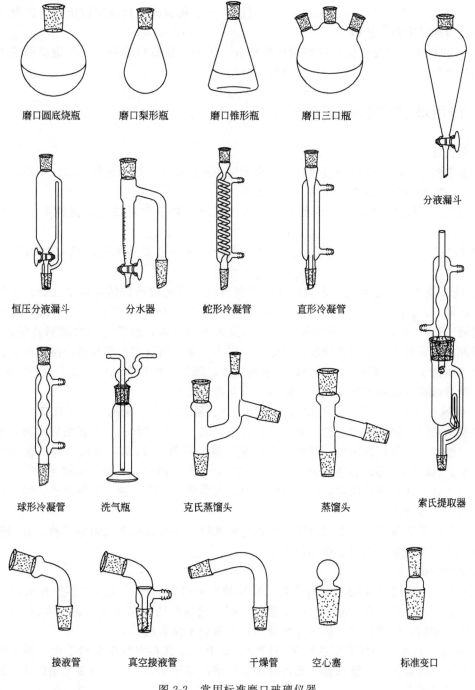

磨口圆底烧瓶	磨口梨形瓶	磨口锥形瓶	磨口三口瓶	分液漏斗
恒压分液漏斗	分水器	蛇形冷凝管	直形冷凝管	
球形冷凝管	洗气瓶	克氏蒸馏头	蒸馏头	索氏提取器
接液管	真空接液管	干燥管	空心塞	标准变口

图 2-2　常用标准磨口玻璃仪器

标准磨口玻璃仪器密合性能良好，对某些易挥发又具有毒性的物质，或有些不宜与胶塞接触的有机物质，在实验中采用标准磨口玻璃仪器更为合适。

由于仪器容量大小及用途不一，通常标准磨口有 10 口、14 口、19 口、24 口、29 口、34 口等。这些数字编号系指磨口最大端直径的毫米整数，相同编号的内外磨口可相互连接。

使用标准磨口玻璃仪器应注意以下事项：

① 磨口处必须洁净，若附有固体则磨口对接不紧密，将导致漏气，甚至损坏磨口；

② 用后应拆开洗净，否则长期放置后磨口连接处常会粘牢不可拆开；

③ 一般使用磨口仪器不需涂润滑剂，若反应有少量强碱，则应涂润滑剂，以免磨口连接处因碱腐蚀粘牢而无法拆开；

④ 安装标准磨口玻璃仪器应特别注意整齐、正确，使磨口连接处不受歪斜的应力，否则在加热时仪器受热，应力增大，易将仪器折裂。

2.2　常用玻璃仪器的洗涤与干燥

(1) 仪器的洗涤

化学实验室里经常要用到玻璃仪器，为了保证实验效果，必须将仪器清洗干净。根据实验要求、污物性质和污染程度选择洗涤的方法。

① 水洗　用水刷洗能洗去仪器上的灰尘、可溶性物质和对仪器黏附性不强的不溶性物质。

② 合成洗涤剂刷洗　用去污粉、肥皂粉或合成洗涤剂能除去仪器沾有的油污或其他污迹。

③ 洗液刷洗　对容量仪器形状特殊或对仪器洁净程度较高的精确容量分析的仪器，常用铬酸溶液（25g $K_2Cr_2O_7$ 溶于 50cm³ 热水中，冷却后缓慢加入 450cm³ 浓硫酸即得深褐色铬酸洗液）。洗涤时，尽量甩去容器中的水后注入少量洗液，然后让仪器倾斜并慢慢转动，让洗液润湿仪器内壁，稍后将洗液倒回原瓶，再用自来水将仪器内壁残留的洗液洗去，最后用蒸馏水淌洗 1~2 次即可。注意洗液具有强酸性、强氧化性和腐蚀性，使用时要特别小心，切忌将洗液溅在皮肤和衣服上或溅入眼内，以免造成伤害。

④ 特殊污物洗涤　对于某些用通常方法不易去除的污物，可通过化学反应将其转化为水溶性物质除去。例如铁盐黄色污物，用稀盐酸浸泡片刻即可除去；高锰酸钾污物，用草酸溶液浸泡洗涤；二氧化锰污物，用浓盐酸浸泡溶解，或者用 $FeSO_4$ 溶液洗涤；碘污物，用稀 $NaOH$、$Na_2S_2O_3$ 溶液浸泡洗涤；银、铅污物，用稀硝酸浸泡，微热促进溶解。

经过上述方法洗净的仪器，仍然会沾有自来水中的钙、镁、铁、氯等离子。因此，还需要用去离子水淋洗内壁 2~3 次。

洗净的仪器倒置时器壁上只留下一层均匀的水膜，水在器壁上无阻地流动。若局部挂水或有水流拐弯的现象，表示洗得不够干净。

(2) 仪器的干燥

在实验中，需经常使用干燥的仪器，特别是在有机实验中，水是大多数有机反应的杂质，极微量的水分有时都会阻止反应，这些反应的成败往往决定于仪器的干燥程度。因此，仪器洗涤干净后，还须加以干燥后才能使用，常用的干燥方法如下。

① 晾干　将洗净的仪器倒置在适当的仪器架上，让其在空气中自然干燥。倒置可以防止灰尘落入，但要注意放稳仪器。此法简单、经济，对于不急用的仪器多采用此法，能符合大多数实验的要求。

② 烘干　对于需要迅速干燥的仪器，可将其放入电热恒温干燥箱内或红外干燥箱内加热。电热鼓风干燥箱（简称烘箱）是实验室常用的仪器（图 2-3），常用来干燥玻璃仪器或烘干无腐蚀性、热稳定性比较好的药品，但挥发性易燃品或刚用酒精、丙酮淋洗过的仪器切勿放入烘箱内，以免发生爆炸。

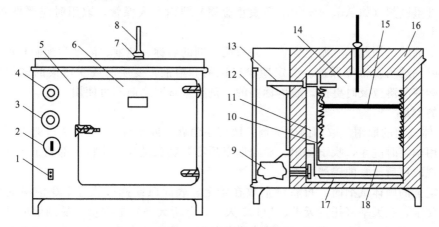

图 2-3　电热鼓风干燥箱

1—鼓风开关；2—加热开关；3—指示灯；4—控温器按钮；5—箱体；6—箱门；7—排气阀；
8—温度计；9—鼓风电动机；10—隔板支架；11—风道；12—侧门；13—温度控制器；
14—工作室；15—试样隔板；16—保温层；17—电热器；18—散热板

③ 烤干　烧杯、蒸发皿等可直接在石棉网上用小火烤干；试管可在酒精灯的灯焰上烤干。操作开始时，先将仪器外壁擦干后，再用小火烤干，同时要不断地摇动使其受热均匀。

④ 吹干　洗净的仪器，特别是较大的仪器如冷凝器等，可用气流干燥器或电吹风机吹干，洗净后急用的仪器也可用少量酒精或丙酮淌洗（使用后的酒精或丙酮应倒回贴有洗涤用酒精或丙酮标签的回收瓶中），然后先用冷风吹（有机溶剂蒸气易燃、易爆，故不宜先用热风吹），让大部分溶剂挥发后，再用热风吹干。

还应注意的是，一般带有刻度的计量仪器，如移液管、容量瓶、滴定管等不能用加热的方法干燥，以免热胀冷缩影响这些仪器的精密度。玻璃磨口仪器和带有活塞的仪器洗净后放置时，应该在栓口处和活塞处（如酸碱式滴定管、分液漏斗等）垫上小纸片，以防止长期放置后粘上不易打开。

2.3　化学试剂的存放和取用

(1) 试剂的存放

一般的化学试剂应保存在通风良好、清洁干燥的房间内，以防止水分、灰尘和其他物质对试剂的沾污。对于有毒、易燃、有腐蚀性和潮解性的试剂，应采用不同的保管方法。

① 见光易分解的试剂（如 $AgNO_3$、$KMnO_4$ 等）应装在棕色瓶中。H_2O_2 虽然也是见光易分解的物质，但不能存放在棕色的玻璃瓶中，而需要存放于不透明的塑料瓶中，并放置于阴凉的暗处，以免棕色玻璃中含有的重金属氧化物成分对 H_2O_2 催化分解。

② 易氧化的试剂（如氯化亚锡、低价铁盐等）和易风化或潮解的试剂（如氯化铝、无水碳酸钠、苛性钠等），应放在密闭容器内，必要时应用石蜡封口。对氯化亚锡、低价铁盐这类性质不稳定的试剂，配制的溶液不能久放，宜现配现用。

③ 盛强碱性试剂（如 KOH、NaOH）及 Na_2SO_3 溶液的试剂瓶要用橡皮塞。易腐蚀玻

璃的试剂（如氟化物等）应保存在塑料容器内。

④ 对于易燃、易爆、强腐蚀性、强氧化剂及剧毒品的存放应特别注意，一般需要分类单独存放，如强氧化剂要与易燃、可燃物分开隔离存放。对于许多低沸点的有机溶剂，如乙醚、甲醇、汽油等易燃药品要远离明火。剧毒药品（如氰化钾、三氧化二砷、氰化物、高汞盐等）和贵重试剂（如 Au、Pt、Ag 等贵重金属）要由专人保管，取用时应严格做好记录，以免发生事故。

盛装试剂的试剂瓶都应贴上标签，并写明试剂的名称、纯度、浓度和配制日期，标签外面应涂蜡或用透明胶带等保护。要定期检查试剂和溶液，变质的或受污染的试剂要及时清理，发现标签脱落应及时更换。脱落标签的试剂在未查明之前不可使用。

(2) 试剂的取用

① 固体试剂的取用　取用固体试剂一般用牛角匙（或塑料勺等）。牛角匙必须干净且专匙专用，用毕随时洗净，吹干备用。瓶盖取下后不要随意乱放，应将顶部朝下放在干净的桌面上，试剂取用后要立即盖严瓶盖。

取一定量的固体试剂时，可将试剂放在纸上、表面皿或称量瓶等干燥洁净的玻璃容器内，根据要求，在天平（托盘天平、1/100 天平、分析天平）上称量。易潮解或具有腐蚀性的试剂不能放在纸上，应放在玻璃容器内进行称量。取用粉末样品时，为避免粉末黏附在管口和管壁，可将药匙小心地送入试管中，如图 2-4(a)，或将药品放在一折成舟状的干净纸条内再送入倾斜的试管，如图 2-4(b)，然后再将试管竖直，药品全部落到试管底部。较大的块状固体用镊子夹出，将试管稍微倾斜，让固体沿管壁缓慢地滑到试管底部，见图 2-4(c)，不可竖着试管将固体往下丢，如此会砸破试管底部。用过的药匙和镊子要立即用清洁的纸擦干净，以备下次使用。多取出的试剂（特别是纯度较高的试剂）不能倒回原试剂瓶，以免污染整瓶试剂。

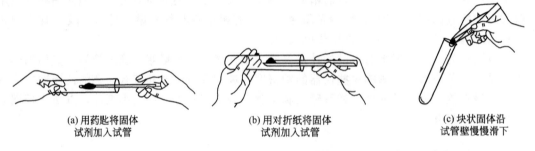

(a) 用药匙将固体　　　　(b) 用对折纸将固体　　　　(c) 块状固体沿
　试剂加入试管　　　　　试剂加入试管　　　　　　试管壁慢慢滑下

图 2-4　粉末固体的取用

② 液体试剂的取用　液体试剂一般盛放在细口玻璃瓶中，瓶上贴有标签标明试剂的名称、浓度和纯度等。一般试剂用无色透明的玻璃瓶，见光易分解的试剂用棕色瓶，瓶塞有平顶的和带滴头的两种。取药品前注意瓶中标签标明的内容是否符合实验的要求。

从平顶瓶塞的试剂瓶中取药品时，先取下瓶塞，将它仰放在实验台上，拿试剂瓶时注意让瓶上的标签贴着手心，以防止液体腐蚀标签，用洁净的玻璃棒引流取出所需量的液体，如图 2-5。若不用玻璃棒引流而直接倾注，应在液体倒完后将试剂瓶在容器壁上靠一下，再使试剂瓶竖直，以免液滴沿外壁流下，取完试剂应立即盖好瓶塞，防止瓶塞盖错。

需少量液体时可用滴瓶盛取液体。从滴瓶中取试剂时，首先从滴瓶中拿出滴管，排除橡皮头内的空气（若滴管内已有液体，则无需排除），再放入滴瓶吸取液体（如图 2-6）。往试管中滴加试剂时，滴管的管口不能伸入试管中以免碰在试管壁而使滴管污染；吸满试剂的滴管只能竖拿，不能横卧或倒置，否则试剂会流入橡皮头，腐蚀橡皮，污染试剂。滴加完试剂后的滴管应立即放回原试剂瓶中，不要错放，绝对不能用不干净的滴管在试剂瓶中吸取试剂。

(a) 往试管中倒取液体试剂　　(b) 往烧杯中倒取液体试剂　　　　正确　　不正确

图 2-5　从试剂瓶中倒取液体试剂　　　　图 2-6　从滴瓶中取用液体试剂

定量取用液体试剂时，也可根据要求选用量筒或移液管等。

取用试剂要本着节约的原则，用多少取多少，多余的试剂不应倒回原试剂瓶内，有回收价值的，可放入回收瓶中。

取用易挥发的试剂，如浓 HCl、浓 HNO_3、溴水等，应在通风橱中操作，防止污染室内空气。取用剧毒及强腐蚀性药品要特别注意安全，不要碰到手上以免发生伤害事故。

2.4　加热与冷却

化学反应往往需要在加热或冷却的条件下进行，而许多基本实验操作也离不开加热或冷却，因此加热和冷却在化学实验中应用非常普遍。

2.4.1　加热装置

在化学实验室中常用的加热热源有酒精灯、酒精喷灯、电炉、电加热套、恒温水浴装置以及管式炉和马弗炉等。

① 酒精灯。酒精灯由灯罩、灯芯和灯壶三部分组成，如图 2-7 所示。加入酒精应在灯熄灭情况下，借助漏斗将酒精注入，最多加入量为灯壶容积的 2/3。点燃酒精灯绝不能用另一个燃着的酒精灯去点燃，以免洒落的酒精引起火灾或烧伤（见图 2-8）。熄灭时，用灯罩盖上即可，不要用嘴吹。片刻后，还应将灯罩再打开一次，以免冷却后，盖内负压使以后打开困难。

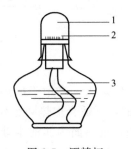

图 2-7　酒精灯

1—灯罩；2—灯芯；3—灯壶

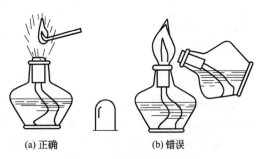

(a) 正确　　　　(b) 错误

图 2-8　点燃酒清灯的方法

酒精灯提供的温度不高，通常为 400～500℃，适用于不需太高加热温度的实验。灯芯短时温度低，长则高些，所以可根据需要加以调节。

② 酒精喷灯。需 700～1000℃ 的高温加热时可用酒精喷灯。酒精喷灯的形式较多，有座式、链式、壁挂式等，一般由铜或其他金属制成。常用的座式喷灯和挂式喷灯的构造如图 2-9，它们的结构原理相同，都是先将酒精汽化后与空气混合再燃烧。它们的区别仅在于座式灯的酒精贮存在下面的空心灯壶里，挂式等贮存在悬挂于高处制定罐内。

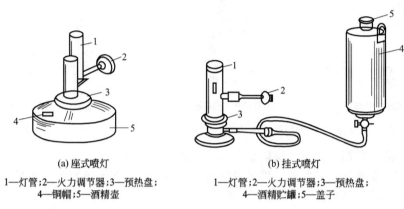

(a) 座式喷灯

1—灯管；2—火力调节器；3—预热盘；
4—铜帽；5—酒精壶

(b) 挂式喷灯

1—灯管；2—火力调节器；3—预热盘；
4—酒精贮罐；5—盖子

图 2-9　酒精喷灯

使用时首先在预热盆中贮满酒精并点燃，使灯管温度足够高时，开启灯管处的火力调节器，让酒精蒸气出来与喷火孔的空气混合并由管口喷出，点燃酒精蒸气。火焰温度可由上下移动火力调节器来控制。使用完毕，座式喷灯用金属片或木板盖住灯管口，挂式喷灯关闭贮罐开关，让火焰熄灭。

必须注意：座式喷灯酒精贮量只能是贮器容量的 1/3～1/2，连续使用的时间一般不超过 0.5h，若需更长时间的加热则中途需添加酒精，此时应先熄灭火焰。稍后再加酒精，重新点燃；挂式喷灯要在保证灯管充分灼热后才开启酒精贮罐开关并点燃酒精蒸气，此时应控制酒精的流入量，不要太多，等火焰正常后再调大酒精流量，否则酒精在灯管内不能充分汽化，液态酒精从管口喷出，从而形成"火雨"甚至引起火灾。

③ 电炉。电炉可以代替酒精灯或煤气灯加热容器中的液体，根据发热量不同有不同规格，如 500W、800W、1000W 等，温度的高低可以通过调节变压器来控制［如图 2-10(a)］。

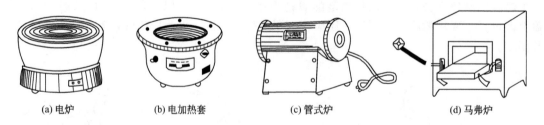

(a) 电炉　　　(b) 电加热套　　　(c) 管式炉　　　(d) 马弗炉

图 2-10　实验室用电炉

④ 电热板。电炉做成封闭式称电热板。其加热面积比电炉大，多用于加热体积较大或数量较多的试样，但电热板加温速度较慢，且加热是平面的，不适合加热圆底容器。

⑤ 电加热套。电加热套是专为加热圆底容器而设计的，电热面为凹的半球面的电加热设备［如图 2-10(b)］。可取代油浴、沙浴对圆底容器加热，有 50cm³、100cm³、250cm³ 等各种规格。使用时应根据圆底容器的大小选用合适的型号。受热容器应悬挂在加热套的中

央，不能接触包的内壁。电加热套相当于一个均匀加热的空气浴。为有效地保温，可在套口和容器之间用玻璃布围住，里面温度最高可达 450～500℃。

⑥ 管式炉。管式炉有一管状炉膛，利用电热丝或硅碳棒加热，温度可达 1000℃ 以上，炉膛中插入一根瓷管或石英管，管内放入盛有反应物的反应舟［如图 2-10(c)］。反应物可在空气或其他气氛中加热反应，一般用来焙烧少量物质或对气氛有一定要求的试样。

⑦ 马弗炉（或箱式炉）。马弗炉有一个长方形炉膛，与管式炉一样，也用电热阻或硅碳棒加热，打开炉门就可放入各种要加热的器皿和样品［如图 2-10(d)］。

管式炉和马弗炉的炉温由高温计测量。由一对热电偶和一只毫伏表组成温度控制装置，可以自动调温和控温。

2.4.2　加热方法

实验室常用来加热的玻璃器皿有试管、烧杯、烧瓶、锥形瓶，其他还有蒸发皿，各种坩埚等。表面皿、集气瓶、细口瓶等不能作为直接加热容器；量器（量筒、量杯、容量瓶、移液管、滴定管等）不能作为加热器皿。

① 直接加热。直接加热是将被加热物直接放在热源中进行加热，如在酒精灯上加热试管或在马弗炉内加热坩埚等。

② 间接加热。间接加热是先用热源将某些介质加热，介质再将热量传递给被加热物。这种方法称为热浴。热浴的优点是加热均匀，升温平稳，并能使被加热物保持一定温度。常见的热浴方法有水浴、油浴、空气浴、沙浴等。加热温度在 100℃ 以下时可用水浴，在 100～250℃ 之间可选用油浴，使用油浴时，应避免水溅入。实验室中常用的有石棉网上加热和电热套加热。把容器放在石棉网上加热，容器与石棉网之间要留 0.5～1.0cm 间隙，使之形成一个空气浴。这种加热方法不能用于回流低沸点、易燃的液体或减压蒸馏。电热套是一种较好的空气浴，由于它不是明火加热，因此可以加热和蒸馏易燃有机物，但是蒸馏过程中，随着容器内物质的减少，会使容器过热而引起蒸馏物的炭化，但只要选择适当大一些的电热套，并且在蒸馏时不断调节电热套的高低位置，炭化现象也是可以避免的。加热温度在几百摄氏度以上时使用沙浴。由于沙浴的温度不易控制，所以实验室中使用较少。

2.4.3　冷却

某些化学反应需要在低温条件下进行，另一些反应需要传递出产生的热量；有的制备操作，像结晶、液态物质的凝固等，也需要低温冷却，我们可根据所要求的温度条件选择不同的冷却剂（制冷剂）。

最简单的冷却是将被冷却物浸在冷水中或用流动的冷水冷却（如回流冷凝器），可使被致冷物的温度降到接近室温。需冷至 0℃ 时，冰水是最方便的制冷剂。单用碎冰冷却其效果反而不如用冰水，因冰水能与埋入其内的容器外壁密切接触，但水也不能加得太多，否则不足以维持 0℃，同时也容易倾翻其中的容器。如欲得到 0℃ 以下的温度，可采用冰-无机盐冷却剂，即在冰水浴中加入适量的无机盐，如 $NaCl$、$CaCl_2$ 等，其温度可达到 $-40 \sim 0℃$。制作冰盐冷却剂时要把盐研细后再与粉碎的冰混合，这样制冷的效果好。冰与盐按不同的比例混合能得到不同的制冷温度。如 $CaCl_2 \cdot 6H_2O$ 与雪按 1：1、1.25：1、1.5：1、5：1 比例混合，分别达到的最低温度为 $-29℃$、$-40℃$、$-49℃$、$-54℃$。

干冰-有机溶剂冷却剂，可获得 $-70℃$ 以下的低温。干冰与冰一样，不能与被致冷容器的器壁有效接触，所以常与凝固点低的有机溶剂（作为热的传导体）一起使用，如异丙醇、丙酮、乙醇、正丁烷、异戊烷等。

常用制冷剂及其最低制冷温度见表 2-1。

表 2-1　常用制冷剂及其最低制冷温度

制 冷 剂	最低制冷温度/℃	制 冷 剂	最低制冷温度/℃
冰-水	0	$CaCl_2 \cdot 6H_2O$＋冰(1∶1)	−29
NaCl＋碎冰(1∶3)	−20	$CaCl_2 \cdot 6H_2O$＋冰(1.25∶1)	−40.3
NaCl＋碎冰(1∶1)	−22	液氨	−33
NH_4Cl＋冰(1∶4)	−15	干冰	−78.5
NH_4Cl＋冰(1∶2)	−17	液氮	−196
干冰＋乙醇	−72	干冰＋丙酮	−78
干冰＋乙醚	−100		

应当注意，测量−38℃以下的低温时不能使用水银温度计（水银的凝固点为−38.87℃），而应使用低温酒精温度计等。此外，使用低温冷浴时，为防止外界热量的传入，冷浴外壁应使用厚泡沫塑料等隔热材料包裹覆盖。干冰和液态氮必须用杜瓦瓶盛放。

2.5　物质的干燥

在化学实验中，有许多反应要求在无水条件下进行。如制备格氏试剂，在反应前要求卤代烃、乙醚绝对干燥，液体有机物在蒸馏前也要进行干燥，以防止水与有机物形成共沸物，或由于少量水与有机物在加热条件下可能发生反应而影响产品纯度；固体化合物在测定熔点及有机化合物进行波谱分析前也要进行干燥，否则会影响测试结果的准确性。因此干燥在化学实验中既是非常普遍又是十分重要的。

利用加热、冷冻、吸附、分馏、恒沸蒸馏等过程达到干燥的目的称为物理干燥法，常用于除去相对较大量水分或用于有机溶剂的干燥。利用干燥剂与水发生反应来除去水的干燥方法称为化学干燥法。干燥剂又可分为两类：一类是能与水可逆地结合成水合物，因此可再生后反复使用，如无水 $CaCl_2$、无水 $CaSO_4$、无水 $MgSO_4$ 等；另一类干燥剂则与水反应生成新的化合物，如 P_2O_5、CaO、Na 等，此类干燥剂不能反复使用。

2.5.1　干燥剂的选择和用量

选择干燥剂时应考虑以下因素。

① 干燥剂不可与被干燥的物质发生化学反应，也不能溶解于其中。例如，碱性干燥剂不能用于干燥酸性物质；氯化钙易与醇、胺及某些醛、酮形成配合物；氧化钙、氢氧化钠等强碱性干燥剂能催化某些醛、酮的缩合及氧化等反应，使酯类发生水解反应等；氢氧化钠（钾）可显著溶解于低级醇。

② 干燥剂的干燥容量越大，吸水越好。

③ 干燥剂的干燥速度和价格等。

常用干燥剂的性质和应用范围见表 2-2。

表 2-2　常用干燥剂的性质和应用范围

干 燥 剂	性 质	适用化合物范围
浓硫酸	强酸性	烃、卤代烃
五氧化二磷	酸性	烃、卤代烃、醚
氢氧化钠（钾）	强碱性	烃、醚、氨、胺
金属钠	强碱性	烃、醚、叔胺
无水碳酸钠	碱性	醇、酮、酯、胺
氧化钙	中性	低级醇、胺
无水氯化钙	中性	烃、烯、卤代烃、酮、醚、硝基化合物
无水硫酸镁	中性	醇、酮、醛、酸、酯、卤代烃、酰胺、硝基化合物
3A、4A、5A 分子筛	中性	各类有机溶剂

干燥剂的用量可根据干燥剂的吸水容量和水在被干燥液体中的溶解度来估算。由于在萃取或水洗时，难以把水完全分净，所以在一般情况下，干燥剂的实际用量都大于理论值。另外，对于极性物质和含亲水性基团的化合物，干燥剂需过量一些。但是，干燥剂的用量也不宜过多，因为干燥剂的表面吸附会造成产物的部分损失。通常根据具体情况和实际经验，选用适宜的用量。

2.5.2　液体的干燥

选择合适的干燥剂，在不断振荡下使水被干燥剂吸收。用干燥剂干燥液体有机化合物，只能除去少量的水，若试样含有大量水，必须设法事先除去。如果对其要求不高，且水与液体有机化合物的沸点相差又较大时，可考虑用蒸馏或分馏的方法干燥。具体操作中应注意以下几点。

① 干燥前应尽可能把液体中的水分净。

② 干燥应在收口容器中进行。

③ 干燥剂的颗粒要大小适度，太大则表面积小，吸水缓慢，太细又会吸附较多的被干燥液体，且难以分离。

④ 对于含水分较多的液体，干燥时常出现少量水层。必须将此水层分去或用吸管吸去，再补加一些新的干燥剂。加入适量干燥剂后，应摇荡片刻，然后加瓶塞静置。

⑤ 若发现干燥剂结块，或被干燥液体仍呈浑浊，则应补加干燥剂。若液体在干燥前呈浑浊，干燥后变澄清，则可认为已基本干燥。

⑥ 将已干燥的液体物质用倾析法或通过塞有棉花的玻璃漏斗倒入干燥的容器中。

2.5.3　固体的干燥

固体的干燥可采用以下方法。

① 晾干　晾干，即在空气中自然干燥。该法最为简便，适合干燥在空气中稳定而又不吸潮的固体物质。干燥时应把被干燥物放在干燥洁净的表面皿或滤纸上，摊成薄层，上盖滤纸。

② 烘干　烘干可加快干燥速度，对熔点高且遇热不分解的固体，可用普通烘箱或红外干燥箱烘干。但必须控制好加热温度，以防样品变黄、熔化甚至分解、炭化。烘干过程中应经常翻动，以防结块。热稳定性差的试样通常在真空恒温干燥箱中进行干燥。

③ 干燥器干燥　易分解或易升华的固体不能采用加热的方式干燥，可置于干燥器内干燥。

干燥器内放何种干燥剂，需要根据被干燥物质和被除去溶剂的性质来确定。因不同的干燥剂具有不同的蒸气压，常根据被干燥物的要求加以选择。最常用的干燥剂有硅胶、氧化钙、无水氯化钙、浓硫酸等。硅胶是硅酸凝胶（组成可用通式 $xSiO_2 \cdot yH_2O$ 表示），烘干除去大部分水后，得到白色多孔的固体，具有高度的吸附能力，为了便于观察，将硅胶放在钴盐溶液中浸泡，使之呈粉红色，烘干后变为蓝色。蓝色的硅胶具有吸湿能力，当硅胶变为粉红色时，表示已经失效，应重新烘干至蓝色。

2.5.4　气体的干燥

干燥气体常用的仪器有：干燥管、U 形管、干燥塔（装固体干燥剂）、洗气瓶（装液体干燥剂）及冷阱（干燥低沸点气体）等。需根据气体的性质、数量、潮湿程度和干燥要求等来选择相应的干燥剂和仪器。干燥气体常用的干燥剂见表 2-3。

表 2-3 干燥气体常用的干燥剂

干 燥 剂	适 于 干 燥 的 气 体
无水 $CaCl_2$	H_2、N_2、CO_2、CO、O_2、SO_2、HCl、烷烃、烯烃、卤代烃
P_2O_5	H_2、N_2、CO_2、CO、O_2、SO_2、HCl、烷烃、乙烯
浓 H_2SO_4	H_2、N_2、CO_2、Cl_2、HCl 烷烃
CaO、$NaOH$、碱石灰	NH_3

用氯化钙、生石灰和碱石灰做干燥剂时，应选用较大的颗粒，以防其结块而堵塞气路。采用五氧化二磷等时，需要混入支撑物料，如玻璃纤维或浮石等。液体的干燥剂用量要适当，大多会因压力大而导致气体不易通过，太少则将影响干燥效果。如果对气体的干燥要求较高，可同时连接多个干燥器，各干燥器中放置相同或不同的干燥剂。另外，在气源和干燥装置之间或干燥装置和反应器之间必须装置安全瓶。

2.6 称量仪器及称量方法

准确称量物体的质量是化学实验中最基本的操作之一。由于不同实验对物体质量称量的准确度要求不一样，因此进行实验时就需要选用不同精确度的称量仪器。常用的有台天平、电光天平和电子太平。

2.6.1 台天平

台天平也称作托盘天平，其结构如图2-11所示。它主要由横梁、指针（A）、刻度盘（B）、零点调节螺丝（C）、游码（D）、刻度尺（E）和托盘构成。台天平的横梁架在天平座上，横梁左右有两个托盘。根据横梁中部的指针 A 在刻度盘 B 摆动的情况，可以看出台天平的平衡状态。台天平主要用于粗略的称量，能称准至 0.1g，有的台天平可准确至 0.01g。使用台天平称量时，可按下列步骤进行。

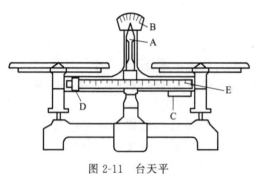

图 2-11 台天平

① 零点调整。当托盘上不放任何物体和游码 D 放在刻度尺的零处时，如指针不在刻度盘零点处，用零点调节螺丝 C 调节零点。

② 称量。零点调整好以后，将称量物放在左盘，砝码放在右盘。从大到小添加砝码，若称量物的质量在刻度标尺 E 以内时，可移动标尺上的游码，直至指针指示在零点位置，记下砝码加游码的质量，即为称量物的质量。

称量时，有些称量物不能直接放在天平盘上称量以避免腐蚀天平盘，而应放在已知质量的纸或表面皿上，潮湿的或具腐蚀性的药品则应放在玻璃容器内。台天平不能称热的物质。

③ 称量完毕，应把砝码放回盒内，把刻度尺的游码移到刻度"0"处，将天平打扫干净。

2.6.2 电子天平

对定量分析实验，要求物体质量的称量准确到 0.1mg，这就需要选用精确度高的分析天平。

分析天平的种类很多，如半机械加码电光分析天平、全机械加码电光分析天平、单盘电光分析天平、电子天平等。近年来，随着电子技术的快速发展，电子天平以其方便快捷、价格合理的优势迅速淘汰了各种电光天平，而成为分析天平的主角。

电子天平根据电磁力平衡原理，直接称量，全量程不需砝码。放上称量物后，在几秒钟内即达到平衡，显示读数，称量速度快，精度高。电子天平的支承点用弹簧片取代机械天平的玛瑙刀口，用差动变压器取代升降枢装置，用数字显示代替指针刻度式。因而，电子天平具有使用寿命长、性能稳定、操作简便和灵敏度高的特点。此外，电子天平还具有自动校正、自动去皮、超载指示、故障报警等功能以及具有质量电信号输出功能，且可与打印机、计算机联用，进一步扩展其功能。由于电子天平具有机械天平无法比拟的优点，尽管其价格较贵，但也会越来越广泛地应用于各个领域并逐步取代机械天平。

电子天平按结构可分为上皿式和下皿式两种。秤盘在支架上面为上皿式，秤盘吊挂在支架下面为下皿式。目前，广泛使用的是上皿式电子天平。尽管电子天平种类繁多，但其使用方法大同小异，具体操作可参看各仪器的使用说明书。下面以梅特勒-托利多（上海）生产的 AB-204N 型电子天平为例，简要介绍电子天平的使用方法。METTLER TOLEDO AB-204N 电子天平的外观结构如图 2-12 所示。

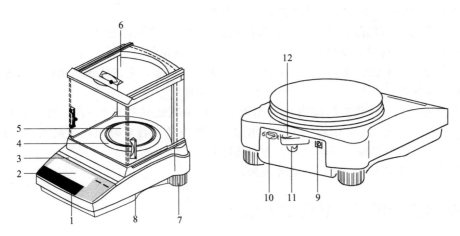

图 2-12　AB-204N 电子天平外观示意图

1—操作键；2—显示屏；3—具有以下参数的型号标牌（"Max"：最大称量，"d"：可读性）；
4—防风圈；5—秤盘；6—防风罩；7—水平调节脚；8—用于下挂称量方式的挂钩（在天平
底面）；9—交流电源适配器插座；10—RS232C 接口；11—防盗锁连接环；12—水平泡

该系列天平具有两种操作方式：称量工作方式和菜单方式，天平操作键功能如图 2-13。每个键的功能取决于选择哪种方式及按键时间的长短。

(1) 称量工作方式下的操作键功能

① On：单击键，开机。

② Off：按键并保持不放，关机（待机状态）。

③ →0/T←：清零/去皮。

④ C：删除功能。

⑤ ⟳：单位转换。

⑥ F：激活计件功能。

图 2-13　天平操作键功能

⑦ ⟼：通过接口传输数据（需要合适的配置）。

⑧ Cal/Menu：按键保持不放，为校准功能；一直按键直到 MENU 字样出现，为菜单。

(2) 菜单方式下的操作键功能

按（1）中⑧步骤转换到菜单模式。

① C：退出菜单（不保存退出）。

② ⤺：改变设置。

③ ⤷：菜单选项。

④ Cal/Menu：保存设置并退出。

(3) 电子天平操作

① 预热　为了获得准确的称量结果，天平必须通电 20～30min 以获得稳定的工作温度。

② 开机/关机　开机，让秤盘空载并单击"On"键，天平显示自检（所有字段闪烁等），当天平回零时，就可以进行校准或称量了。关机，按住"Off"键直到显示出现"Off"字样，松开该键。

③ 校准　准备好校准用砝码；让天平空载；按住"Cal/Menu"键不放，直到天平显示出现"CAL"字样后松开该键，所需核准的砝码值会闪现。将校准砝码置于杯盘中央；当"0.00g"闪现时，移去砝码。当天平闪现"CAL　done"，接着又出现"0.00 g"时，天平的校准结束。天平又回到称量工作方式，等待称量。

④ 简单称量　将样品放在秤盘上；等待数值稳定后，读取称量结果。

⑤ 去皮称量　将空容器放在天平秤盘上；显示其重量值；去皮：单击"→0/T←"键；向空容器中加料，并显示净重值（如果将容器从天平上移去，去皮重量值会以负值显示，去皮重量将一直保留到再次按"→0/T←"键或天平关机）。

⑥ 称量结束后，若较短时间内还使用天平（或他人还使用天平），一般不用按"Off"键关闭显示器。实验全部结束后，关闭显示器，切断电源，若短时间内（例如 2h 内）还使用天平，可不必切断电源，再用时可省去预热时间。

若当天不再使用天平，应拔下电源插头。

2.7　基本度量仪器及其使用方法

量筒、量杯、滴定管、移液管、吸量管、容量瓶等是基础化学实验室中测量溶液体积的常用玻璃度量仪器（简称量器）。量筒、量杯可量取体积较大但体积不太准确的液体体积，其余的量器取液体可准确到 $0.01cm^3$，应根据实验对液体体积准确性的要求不同而选用各种量器。

2.7.1　量筒、量杯

量筒、量杯是有刻度的玻璃圆筒或圆锥体，是实验中常用来量取液体体积的仪器。有 $10cm^3$、$20cm^3$、$50cm^3$、$100cm^3$、$500cm^3$、$1000cm^3$ 等各种规格供选用。要使量取的液体体积准确，正确的方法是使量器内的液面保持水平，视线与液体弯月面的底部在水平线上，如图 2-14。对液体体积要求不严格的定性实验，可用数滴数的方法取少量液体，一般滴管取水溶液 18～20 滴约 $1cm^3$。

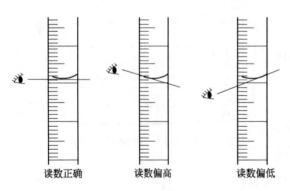

读数正确　　读数偏高　　读数偏低

图 2-14　量筒的读数方法

2.7.2　移液管和吸量管

移液管和吸量管都是用来准确量取

一定体积液体的量器。移液管是带有分刻度的玻璃管，吸量管是一根细长而中间膨大的玻璃管，在管的上端有一环形标线，实际上吸量管是单标线移液管，两者并没有严格区分。当量取整数体积的液体时，可使用相应大小的移液管，而不使用吸量管，因为后者准确度差些。

　　用移液管或吸量管吸取溶液之前，首先应该用洗液洗净内壁，然后用自来水冲洗，再用蒸馏水淌洗 3 次，最后还必须用少量待吸的溶液淌洗内壁 3 次，以保证溶液吸取后浓度不变。

　　用移液管或吸量管吸取溶液时，一般应先将待吸溶液转移到已用该溶液淌洗过的烧杯中再行吸取。吸取溶液时，左手拿洗耳球，右手拇指和中指拿住移液管上端，将移液管插入待吸溶液的液面下 1～2cm 处，左手拿洗耳球，先将它捏瘪排出球中空气，将洗耳球对准移液管的上口按紧，切勿漏气，然后慢慢松开洗耳球，使移液管中液面缓慢上升，如图 2-15 所示。但要小心，不要将溶液吸入球中，以免沾污溶液。当液面达到移液管刻度线以上 3～5cm 处时，应迅速移开洗耳球用右手食指压着移液管上口，慢慢转动移液管，使空气徐徐进入而液面下降；当弯月面与移液管的刻度圈平而相切时，则压紧管上口，将溶液转移入锥形瓶或容量瓶中，并让溶液自然流出，如图 2-16 所示；最后移液管的管口与锥形瓶的内壁接触两次，并将移液管向左右转动一下，取出移液管。注意，除标有"吹"字样的移液管外，不要把残留在管尖的液体吹出，因为在校准移液管容积时，没有算上这部分液体。移液完成后，要将移液管清洗干净。

图 2-15　用洗耳球吸取溶液

图 2-16　移液管的使用

2.7.3　容量瓶

　　在配制标准溶液或将溶液稀释至一定浓度时，往往要使用容量瓶。容量瓶的外形是一平底、细颈的梨形瓶。瓶口带有磨口玻璃塞或塑料塞。颈上有环形标线，表示瓶体体积。一般表示 20℃ 时液体充满至刻度时的容积。常见的有 10cm³、25cm³、50cm³、100cm³、250cm³、500cm³、1000cm³ 等各种规格。此外还有 1cm³、2cm³、5cm³ 的小容量瓶，但用得较少。

(1) 容量瓶的使用方法

　　① 检查　使用容量瓶前应先检查其标线是否离瓶口太近，如果太近则不利于溶液的混合，故不宜使用。另外还必须检查瓶塞是否漏水。检查时加自来水至刻度，盖好瓶塞并用左手食指按住，同时用右手五指托住瓶底边沿［如图 2-17(a)、图 2-17(b) 所示］将瓶倒立2min，如不漏水，将瓶直立，把瓶塞转动 180°再倒立 2min，若仍不漏水即可使用。

　　② 洗涤　可先用自来水刷洗后再用去离子水淌洗 2～3 次。如容量瓶内壁有油污，则应倒尽残水，加入适量的铬酸洗液（250cm³ 规格的容量瓶可倒入 10～20cm³），倾斜转动，使

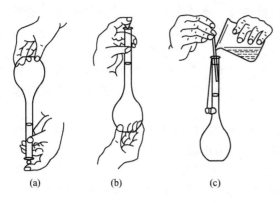

(a)　　　　(b)　　　　(c)

图 2-17　容量瓶的使用和定量转移操作

洗液充分润洗容量瓶内壁，再倒回原洗液瓶中。用自来水冲洗干净后再用去离子水淌洗2～3次备用。

③ 由固体试剂配制溶液　将准确称量好的药品倒入干净的小烧杯中，加入少量溶剂将其完全溶解后再定量转移至容量瓶中。注意，如使用非水溶剂则小烧杯及容量瓶都事先用该溶剂润洗 2～3 次。定量转移时，右手持玻璃棒悬空放入容量瓶内，玻璃棒下端靠在瓶颈内壁（但不能与瓶口接触），左手拿烧杯，烧杯嘴紧靠玻璃棒，使溶液沿玻璃棒、沿壁而下流入瓶内［图 2-17(c)］。烧杯中溶液流完后，将烧杯嘴沿玻璃棒上提，同时使烧杯直立。将玻璃棒取出放入烧杯内，用少量溶剂冲洗玻璃棒和烧杯内壁，也同样转移到容量瓶中。如此重复操作三次以上，然后补充溶剂，当容量瓶内溶液体积至 3/4 左右时，可初步摇荡混匀。然后继续添加溶剂至标线附近。最后改用滴管逐滴加入，直到溶液的弯月面下限恰好与标线相切。若为热溶液应冷至室温后，再加溶剂至标线。盖上瓶塞，按图 2-17(a)、图 2-17(b) 将容量瓶倒置，待气泡升至底部，再倒转过来，使气泡升到顶部，如此反复 10 次以上，使溶液混匀。

④ 由液体试剂配制溶液　用移液管移取一定体积的浓溶液于容量瓶中，加水至标线。同上法混合即可。

(2) 容量瓶的使用注意事项

容量瓶不宜长期贮存试剂，配好的溶液如需长期保存应转入试剂瓶中。转移前须用该溶液将洗净的试剂瓶润洗 3 遍。用过的容量瓶，应立即用水洗净备用。如长期不用，应将磨口和瓶塞擦干，用纸片将其隔开。此外，容量瓶不能在电炉、烘箱中加热烘烤，如确需干燥，可将洗净的容量瓶用乙醇等有机溶剂润洗后晾干，也可用电吹风或烘干机的冷风吹干。

2.7.4　滴定管

滴定管是进行滴定分析时准确量度溶液体积的量器。常用的滴定管容积为 $50cm^3$ 和 $25cm^3$，其最小刻度是 $0.1cm^3$，在最小刻度之间可估计读出 $0.01cm^3$，一般读数误差为 $0.02cm^3$。除此之外，还有 $10cm^3$ 及容积更小的微量滴定管。

滴定管可分为酸式和碱式两种。酸式滴定管（如图 2-18 所示）下端有一玻璃旋塞。开启旋塞时，溶液即自管内滴出。酸式滴定管用来装酸性及氧化性溶液，但不宜装碱液，因玻璃塞易被碱性溶液腐蚀而粘住，以致无法转动。

碱式滴定管［如图 2-19(a) 所示］下端用橡皮管连接一支玻璃管嘴。橡皮管内装一玻璃圆珠以代替活塞。用拇指和食指捏住玻璃圆珠处的橡皮管，可使之形成一窄缝而让溶液流出［如图 2-19(b) 所示］。碱式滴定管用来装碱性及无氧化性溶液，而不能装如碘、高锰酸钾、硝酸银溶液等能与橡皮管起作用的物质；橡皮管也不能用铬酸洗液浸洗。

滴定管除无色的外，还有棕色的，用以装如高锰酸钾、硝酸银等见光易分解的溶液。

(1) 使用前的准备

① 滴定管的洗涤　先用自来水冲洗，再用滴定管刷蘸肥皂水或合成洗涤剂刷洗。滴定管刷的刷毛要相当软，刷头的铁丝不能露出，也不能向旁弯曲，以免划伤滴定管内壁。洗净的滴定管的内壁应完全被水均匀润湿而不挂水珠。若管壁挂有水珠，则表示其仍附有油污，

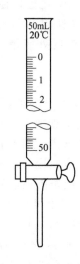

图 2-18　酸式滴定管

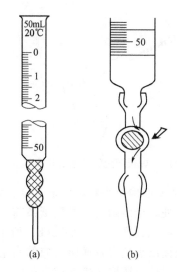

图 2-19　碱式滴定管

须用洗液装满滴定管浸泡 10～20 min，回收洗液后，滴定管再用自来水洗净。

② 旋塞涂脂　酸式滴定管的旋塞必须涂脂，以防漏水和保证转动灵活。涂脂时，如图 2-20（a）所示，取下旋塞栓，用清洁的布或滤纸将洗净的旋塞栓和栓管擦干。在旋塞栓粗端和栓管细端均匀地涂上一层脂，最常用的是凡士林。然后将旋塞栓小心地插入栓管中（注意不要转着插，以免将脂弄到栓孔使滴定管堵塞）。向同

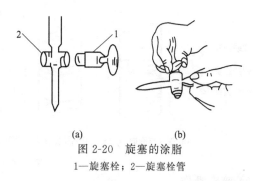

图 2-20　旋塞的涂脂
1—旋塞栓；2—旋塞栓管

一方向转动旋塞，如图 2-20(b) 所示，直到全部透明。为了防止旋塞栓从栓管中脱出，可用橡皮圈把旋塞栓系牢，或从橡皮管上剪下一小圈橡皮，套住旋塞末端。凡士林不可涂得太多，否则容易使滴定管的细孔堵塞，涂得过少则润滑不够，甚至会漏水。涂得好的旋塞应当透明，无纹路，旋转灵活。涂脂完后，在滴定管中加水少许，检查是否堵塞或漏水。如果漏水应重新涂脂，直到满意为止。

对碱式滴定管应检查是否漏水。如果漏水可调整下端橡皮管内玻璃圆珠的位置。如仍漏水，则需更换橡皮管或玻璃圆珠，再经试漏、洗净方可使用。

③ 滴定管的润洗　用自来水洗净的滴定管，首先要用去离子水润洗 2～3 次，以避免管内残存的自来水影响测定结果。每次润洗加入 5～10cm³ 去离子水，并打开旋塞使部分水由此流出，以冲洗出口管。然后关闭旋塞，两手平端滴定管慢慢转动，使水流遍全管。最后边转动边向管口倾斜，将其余的水从管口倒出。用去离子水润洗后，再按上述操作方法，用标准溶液润洗滴定管 2～3 次，以确保标准溶液不被残存的去离子水稀释。每次取标准溶液前，要将瓶中的溶液摇匀，然后倒出使用。

④ 标准溶液的装入　关好旋塞，左手拿滴定管，略为倾斜，右手拿住瓶子或烧杯等容器向滴定管中注入标准溶液。不要注入太快，以免产生气泡，待至液面到"0"刻度附近为止。用布擦净外壁。

⑤ 气泡的排除　滴定管的出口管如未充满溶液而存在气泡，则必须将之除去。对酸式滴定管，可迅速打开旋塞使溶液冲出管口而除去气泡。对碱式滴定管可将橡皮管向上弯曲，

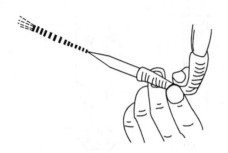

图 2-21 碱氏滴定管气泡的排出

用两指挤压稍高于玻璃珠所在处，使溶液从管口喷出，气泡亦随之而排出（见图 2-21）。排除气泡后，再把标准溶液加至"0"刻度处或稍下。滴定管下端如悬挂液滴也应当除去。

（2）滴定管的读数

用两个指头拿住滴定管上端无刻度处令其悬垂，或把滴定管垂直地夹在滴定管架上进行读数。对无色溶液，读取弯月面下层最低点，对有色溶液，则读取液面最上缘。眼睛和刻度应在同一水平上，如图 2-22(a)。读数要准确至小数点后第二位。为了帮助读数，可用带色纸条围在滴定管外弧形液面下约一格处。当眼睛恰好看到纸条前、后边缘相重合时，在此位置上可较准确地读出弯月面所对应的体积刻度，如图 2-22(b) 所示；也可采用黑白纸板作辅助，如图 2-22(c)，这样能更清晰地读出黑色弯月面所对应的滴定管读数。若滴定管带有白底蓝条，则调整眼睛和液面在同一水平后，读取两尖端相交处的读数，见图 2-22(d)。

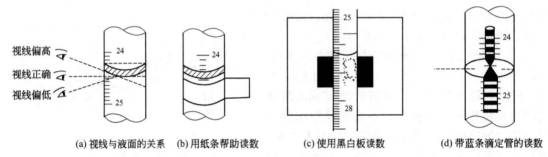

(a) 视线与液面的关系　(b) 用纸条帮助读数　(c) 使用黑白板读数　(d) 带蓝条滴定管的读数

图 2-22 滴定管的计数

（3）滴定操作

滴定过程的关键在于掌握滴定管的操作方法及溶液的混匀方法。

滴定时身体直立，以左手的拇指、食指和中指轻轻地拿住旋塞柄，无名指及小指抵住旋塞下部并手心弯曲，食指和中指由下向上各顶住旋塞柄一端，拇指在上面配合转动（图 2-23）。转动旋塞时应注意不要让手心顶出旋塞而造成漏液。右手持锥形瓶使滴定管尖伸入瓶内，边滴定边摇动锥形瓶（如图 2-24），瓶底应向同一方向作圆周运动，不可前后振荡，以免溅出溶液。滴定和摇动溶液要同时进行，不能脱节。在整个滴定过程中，左手一直不能

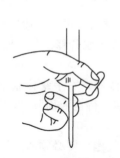

图 2-23 旋塞转动的姿势

图 2-24 滴定的姿势

离开活塞而任溶液自流。锥形瓶下面的桌面上可衬白纸，使终点易于观察。

使用碱式滴定管时，左手拇指在前、食指在后，捏挤玻璃球外面的橡皮管，溶液即可流出，但不能捏挤玻璃珠下方的橡皮管，否则会在管嘴出现气泡。滴定不可过快，要使溶液逐滴流出而不连成线。滴定速度一般为 $10cm^3 \cdot min^{-1}$，即 $3 \sim 4$ 滴/s。

滴定过程中，要注意观察标准溶液的滴落点。一般在滴定开始离终点很远时，滴入标准溶液不会引起可见的变化，但滴到后期，滴落点周围出现暂时性的颜色变化而当即消失。随着离终点愈来愈近，颜色消失渐慢。在接近终点时，新出现的颜色暂时地扩散到较大范围，但转动锥形瓶 $1 \sim 2s$ 后仍完全消失。此时应不再边滴边摇，而应滴一滴摇几下。通常最后滴入半滴，溶液颜色突然变化而 $0.5min$ 内不褪，则表示终点已经到达。滴加半滴溶液时，可慢慢控制旋塞，使液滴悬挂管尖而不滴落，用锥形瓶内壁将液滴擦下，再用洗瓶以少量去离子水将之冲入锥形瓶中。

滴定过程中，尤其临近终点时，应用洗瓶将溅在瓶壁上的溶液吹洗下去，以免引起误差。滴定也可在烧杯中进行。滴定时边滴边用玻璃棒搅拌烧杯中的溶液（亦可使用电动搅拌器）。对于酸式滴定管，若较长时间放置不用，还应将旋塞拔出，洗去润滑脂，在旋塞栓与栓管之间夹一小纸片，再系上橡皮圈。

2.8　分光光度计

2.8.1　吸收光谱原理

物质中分子内部的运动可分为电子的运动、分子内原子的振动和分子自身的转动，因此具有电子能级、振动能级和转动能级。当分子被光照射时，将吸收能量引起能级跃迁，即从基态能级跃迁到激发态能级。而三种能级跃迁所需能量是不同的，需用不同波长的电磁波去激发。电子能级跃迁所需的能量较大，一般在 $1 \sim 20eV$，吸收光谱主要处于紫外及可见光区，这种光谱称为紫外及可见光谱。如果用红外线（能量为 $0.025 \sim 1eV$）照射分子，此能量不足以引起电子能级的跃迁，而只能引发振动能级和转动能级的跃迁，得到的光谱为红外光谱。若以能量更低的远红外线（$0.025 \sim 0.003eV$）照射分子，只能引起转动能级的跃迁，这种光谱称为远红外光谱。由于物质结构不同对上述各能级跃迁所需能量都不一样，因此对光的吸收也就不一样，各种物质都有各自的吸收光带，因而就可以对不同物质进行鉴定分析，这是光度法进行定性分析的基础。

根据朗伯-比耳定律，当入射光波长、溶质、溶剂以及溶液的温度一定时，溶液的光密度和溶液层厚度及溶液的浓度成正比，若液层的厚度一定，则溶液的吸光度只与溶液的浓度有关，

$$T = \frac{I}{I_0}$$

$$A = -\lg T = \lg \frac{1}{T} = \varepsilon c l$$

式中，c 为溶液浓度；A 为某一单色波长下的吸光度；I_0 为入射光强度；I 为透射光强度；T 为透光率；ε 为摩尔消光系数；l 为液层厚度。在待测物质的厚度 l 一定时，吸光度与被测物质的浓度成正比，这就是光度法定量分析的依据。

2.8.2　几种常见的分光光度计简介
(1) 722 型分光光度计

722 型分光光度计是用于在可见光范围内进行比色分析的一种仪器，是以碘钨灯为光

源、衍射光栅为色散元件，数字显示式可见光分光光度计。面板结构如图 2-25 所示。其主要技术指标为：波长范围，330～800nm；波长精度，±2nm；浓度直读范围，0～2000；吸光度测量范围，0～0.999；透光率测量范围，0～100%；光谱带宽，6nm；噪声，0.5%（在 550nm 处）。

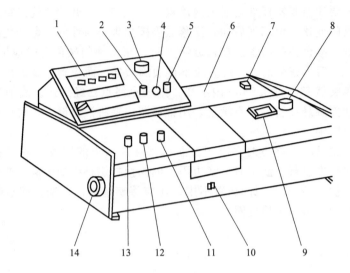

图 2-25　722 型分光光度计面板结构

1—数字显示器；2—吸光度调零旋钮；3—选择开关；4—斜率电位器；5—浓度旋钮；
6—光源室；7—电源开关；8—波长旋钮；9—波长刻度盘；10—试样架拉手；
11—100%T 旋钮；12—0%T 旋钮；13—灵敏度调节钮；14—干燥器

722 型分光光度计的使用方法：

① 开启电源，指示灯亮，仪器预热 20min，将灵敏度旋钮调置"1"挡（放大倍率最小），选择开关置于"T"。

② 打开试样室（光门自动关闭），调节透光率零点旋钮，使数字显示为"000.0"。

③ 将装有溶液的比色皿置于比色架中。

④ 旋动仪器波长手轮，把测试所需的波长调节至刻度线处。

⑤ 盖上样品室盖，将参比溶液比色皿置于光路中，调节透光率"100.0"旋钮，使数字显示 T 为"100.0"（若显示不到 100.0，则可适当增加灵敏度的挡数，同时应重复②，调整仪器的"100.0"）。

⑥ 将被测溶液置于光路中，数字表上直接读出被测溶液的透光率 T 值。

⑦ 吸光度 A 的测量，参照②、⑤，调整仪器的"000.0"和"100.0"，将选择开关置于 A，旋动吸光度调零旋钮，使数字显示为"0.000"，然后移入被测溶液，显示值即为试样的吸光度 A。

⑧ 浓度 c 的测量。选择开关由 A 旋至 C，将已标定浓度的溶液移入光路，调节浓度旋钮，使数字显示为标定位，将被测溶液移入光路，即可读出相应的浓度值。

注意事项：为防止光电管疲劳，不测定时必须拉开比色皿暗箱盖，使光路切断，以延长光电管使用寿命；拿比色皿时，手指只能捏住比色皿的毛玻璃面，不要碰比色皿的透光面，以免沾污。

清洗比色皿时，一般先用水冲洗，再用蒸馏水洗净。若比色皿被有机物沾污，可用盐酸-乙醇混合液（1∶2）浸泡片刻，再用水冲洗。不能用碱溶液或氧化性强的洗涤液洗，以免损坏。也不能用毛刷清洗比色皿，以免损伤它的透光面。每次做完实验应立即洗净比色皿。比色皿外壁的水用擦镜纸或细软的吸水纸吸干，以保护透光面。

测量溶液吸光度时，一定要用被测溶液润洗比色皿内壁数次，以免改变被测溶液的浓度。在测定一系列溶液的吸光度时，通常都是从稀到浓的顺序测定，以减小测量误差。

在实际分析工作中，通常根据溶液浓度的不同，选用不同规格光径长度的比色皿，使溶液的吸光度控制在 0.2～0.7 之间以提高测定的准确度。

(2) 752 型分光光度计

752 型分光光度计为紫外光栅分光光度计，测定波长 200～800nm。其外部面板如图 2-26 所示。

使用方法如下：

① 灵敏度旋钮调到 "1" 挡（放大倍数最小）。

② 打开电源开关，钨灯点亮，预热 30min 即可测定。若需用紫外光则打开 "氢灯" 开关，再按氢灯触发按钮，氢灯点亮，预热 30min 后使用。

③ 将选择开关置于 "T"。

④ 打开试样室盖，调节 0% 旋钮，使数字显示为 "0.000"。

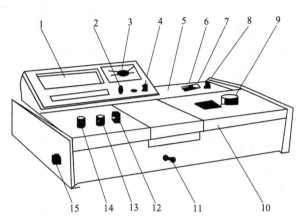

图 2-26 752 型分光光度计面板结构

1—数字显示器；2—吸光度调零旋钮；3—选择开关；4—浓度旋钮；5—光源室；6—电源室；7—氢灯电源开关；8—氢灯触发按钮；9—波长手轮；10—波长刻度窗；11—试样架拉手；12—100％T 旋钮；13—0％T 旋钮；14—灵敏度旋钮；15—干燥器

⑤ 调节波长旋钮，选择所需测的波长。

⑥ 将装有参比溶液和被测溶液的比色皿放入比色皿架中。

⑦ 盖上样品室盖，使光路通过参比溶液比色皿，调节透光率旋钮，使数字显示为 100.0％（T）。如果显示不到 100.0％(T)，可适当增加灵敏度的挡数。然后将被测溶液置于光路中，数字显示值即为被测溶液的透光率。

⑧ 若不需测透光率，仪器显示 100.0％（T）后，将选择开关调至 "A"，调节吸光度旋钮，使数字显示为 "000.0"。再将被测溶液置于光路后，数字显示值即为溶液的吸光度。

⑨ 若将选择开关调至 "C"，将已知标定浓度的溶液置于光路，调节浓度旋钮使数字显示为标定值，再将被测溶液置于光路，则可显示出相应的浓度值。

使用时应注意如下事项：

① 测定波长在 360nm 以上时，可用玻璃比色皿；波长在 360nm 以下时，要用石英比色皿。比色皿外部要用吸水纸吸干，不能用手触摸光面的表面。

② 仪器配套的比色皿不能与其它仪器的比色皿单个调换。如需增补，应经校正后方可使用。

③ 开关样品室盖时，应小心操作，防止损坏光门开关。

④ 不测量时，应使样品室盖处于开启状态，否则会使光电管疲劳，数字显示不稳定。

⑤ 当光线波长调整幅度较大时，需等数分钟后才能工作。因光电管受光后，需有一段响应时间。

⑥ 仪器要保持干燥、清洁。

2.9 电导率仪

电导率仪是实验室测量水溶液电导率必备的仪器，若配合适当常数的电导电极，还可以用于测量电子工业、半导体工业、核能工业和电厂纯水或超纯水的电导率。

(1) 工作原理

在电解质溶液中，带电的离子在电场的作用下，会定向运动产生电流，因此具有导电作用。为测量其导电能力，可用两个平行板电极插入溶液中，溶液的电阻 R 与两极间距离 l 成正比，与电极面积 A 成反比，比例系数即电阻率为 ρ，即

$$R = \rho \frac{l}{A}$$

溶液导电能力的强弱可用电导 G 表示，是电阻的倒数，其单位为西门子，以符号 S 表示，电阻率 ρ 的倒数称为电导率，用希腊字母 κ 表示，其单位为 $S \cdot m^{-1}$ 或 $S \cdot cm^{-1}$，它们具有如下关系：

$$G = \kappa \frac{A}{l} \quad 即 \quad \kappa = \frac{l}{RA}$$

对于一个给定的电导池，$\dfrac{l}{A}$ 为定值，称为电导池常数，用 K_{cell} 表示，则上式可写为 $\kappa = K_{cell}/R$。

在工程上因 $S \cdot m^{-1}$ 这个单位太大而采用较小单位，如 $mS \cdot cm^{-1}$ 或 $\mu S \cdot cm^{-1}$，显然，$1 S \cdot m^{-1} = 10 mS \cdot cm^{-1}$，$1 S \cdot m^{-1} = 10^4 \mu S \cdot cm^{-1}$。

(2) 电导率仪及使用方法

目前化学实验室广泛使用的电导率仪有 DDS-11 型、DDS-307 电导率仪，下面仅对 DDS-307 型电导率仪的操作方法作较详细介绍。

DDS-307 型数字式电导率仪适用于测定一般液体的电导率，若配用适当的电导电极，还可用于电子工业、化学工业、制药工业、核能工业、电站和电厂测量纯水或高纯水的电导率，且能满足蒸馏水、饮用水、矿泉水、锅炉水纯度测定的需要。

DDS-307 型数字式电导率仪前、后面板如图 2-27 所示。

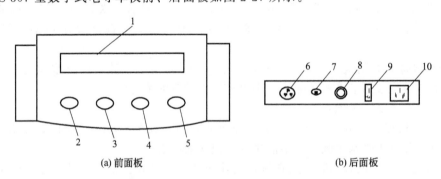

(a) 前面板　　　　　　　　　　　(b) 后面板

图 2-27　DDS-307 型电导率仪前、后面板示意

1—显示屏；2—量程选择开关旋钮；3—常数补偿调节旋钮；4—校准调节旋钮；5—温度补偿调节旋钮；6—电极插座；7—输出插口；8—保险丝；9—电源开关；10—电源插座

使用方法：

① 开机　将电源线插入仪器电源插座，按电源开关，接通电源，预热 30min 后，进行校准。

② 校准　将"量程选择开关旋钮"指向"检查"，"常数补偿调节旋钮"指向"1"刻度

线，"温度补偿调节旋钮"指向"25"度线，调节"校准调节旋钮"，使仪器显示 $100.0\mu S \cdot cm^{-1}$，至此校准完毕。

③ 设置电极常数　目前电导电极的电极常数为 $0.01cm^{-1}$、$0.1cm^{-1}$、$1.0cm^{-1}$、$10cm^{-1}$ 四种不同类型，但每种类型电极具体的电极常数值，制造厂均粘贴在每支电导电极上，根据电极上所标的电极常数值调节仪器面板"常数补偿调节旋钮"，到显示值与电极上所标数值一致的位置。设置方法如下：若电极常数为 $0.01025cm^{-1}$，则调节"常数补偿调节旋钮"使仪器显示值为 102.5（测量值＝读数值×0.01）；若电极常数为 $0.1025cm^{-1}$，则调节"常数补偿调节旋钮"，使仪器显示为 102.5（测量值＝读数值×0.1）；若电极常数为 $1.025cm^{-1}$，则调节"常数补偿调节旋钮"，使仪器显示为 102.5（测量值＝读数值×1）；若电极常数为 $10.25cm^{-1}$，则调节"常数补偿调节旋钮"，使仪器显示为 102.5（测量值＝读数值×10）。

调节仪器面板上"温度补偿调节旋钮"，使其指向待测溶液的实际温度值，此时，测量得到的将是待测溶液经过温度补偿后折算为 25℃ 下的电导率值；如果将"温度补偿调节旋钮"指向"25"刻度线，那么测量的将是待测溶液在该温度下未经补偿的原始电导率值。

常数、温度补偿设置完毕，应将"量程选择开关旋钮"按表 2-4 置于合适位置。当测量过程中，显示值熄灭时，说明测量值超出量程范围，此时，应切换"量程选择开关旋钮"至上一挡量程。

表 2-4　量程范围

序号	选择开关位置	量程范围 /$\mu S \cdot cm^{-1}$	被测电导率 /$\mu S \cdot cm^{-1}$	序号	选择开关位置	量程范围 /$\mu S \cdot cm^{-1}$	被测电导率 /$\mu S \cdot cm^{-1}$
1	I	0～20.0	显示读数×C	3	III	200.0～2000	显示读数×C
2	II	20.0～200.0	显示读数×C	4	IV	2000～20000	显示读数×C

注：C 为电导电极常数类型值。

注意事项：

① 因温度补偿系采用固定的 2% 的温度系数补偿的，故对高纯水测量应尽量采用不补偿方式进行测量后查表；

② 为确保测量精度，电极使用前应用蒸馏水（或去离子水）冲洗两次，然后用被测试样冲洗三次方可测量；

③ 电极插头座绝对防止受潮，以造成不必要的测量误差；

④ 电极应定期进行常数标定。

2.10　酸度计

酸度计又称 pH 计，是一种通过测量电势差的方法来测定溶液 pH 的仪器，除可以测量溶液的 pH 外，还可以测量氧化还原电对的电极电势值（mV）及配合电磁搅拌进行电位滴定等。实验室常用的酸度计有雷磁 25 型、pHS-2 型、pHS-3 型等。pH 计的测量精度及外观和附件改进很快，各种型号仪器的结构和精度虽有不同，但基本原理和组成相同，大致为：电极与被测溶液、信号处理系统、电流表。

2.10.1　电极种类和测定原理

不同类型的酸度计都是由测量电极、参比电极和精密电位计三部分组成。两个电极插入待测溶液组成电池，参比电极作为标准电极提供标准电极电势，测量电极（指示电极）的电极电势随 H^+ 的浓度而改变。因此，当溶液中的 H^+ 浓度变化时，电动势就会发生相应变化。

(1) 电极种类

① 参比电极　酸度计最常用的参比电极是甘汞电极，其组成与电极反应表示如下：

$$Hg \mid Hg_2Cl_2(s) \mid KCl(饱和) \qquad Hg_2Cl_2 + 2e^- \longrightarrow 2Hg + 2Cl^-$$

饱和甘汞电极的结构如图 2-28 所示。它是在电极玻璃管内装有一定浓度的 KCl 溶液（如饱和 KCl 溶液），溶液中装有一个作为内部电极的玻璃管，此管内封接一根铂丝插入汞中，汞下面是汞和甘汞混合的糊状物，底端有多孔物质与外部 KCl 溶液相通。甘汞电极下端也是用多孔玻璃砂芯与被测溶液隔开，但能使离子传递。在一定温度下，甘汞电极的电极电势不受待测溶液的酸度影响，不管被测溶液的 pH 如何，均保持恒定值。如在 25℃ 时，电极内为饱和 KCl 溶液（称为饱和甘汞电报），甘汞电极的电极电势值为 0.2415V。当温度为 t℃ 时，该电极的电极电势 φ 可用下式计算：

$$\varphi(Hg_2Cl_2/Hg) = 0.2410 - 6.5 \times 10^{-4}(t-25)$$

② 玻璃电极　酸度计的测量电极（或传感电极）一般为玻璃电极，其结构如图 2-29 所示。玻璃电极的外壳用高阻玻璃制成，头部球泡由特殊的敏感玻璃薄膜（厚度约为 0.1mm）制成，称为电极膜，是电极的主要部分。它仅对氢离子有敏感作用，是决定电极性能的最重要的组成部分。玻璃球内装有 $0.1 mol \cdot dm^{-3}$ HCl 内参比溶液，溶液中插有一支 Ag-AgCl 内参比电极。将玻璃电极浸入待测溶液内，便组成下述电极：

$$Ag \mid AgCl(s) \mid HCl(0.1\ mol \cdot dm^{-3}) \mid 玻璃 \mid 待测溶液$$

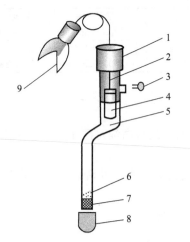

图 2-28　饱和甘汞电极构造示意
1—胶木相；2—铂丝；3—小橡皮塞；4—汞、甘汞
内部电极；5—饱和 KCl 溶液；6—KCl 晶体
7—陶瓷芯；8—橡皮帽；9—电极引线

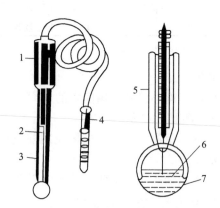

图 2-29　玻璃电极构造示意
1—电极帽；2—内参比电极；3—缓冲溶液；4—电极
插头；5—高阻玻璃；6—内参比溶液；7—玻璃膜

玻璃膜把两个不同 H^+ 浓度的溶液隔开，在玻璃-溶液接触界面之间产生一定的电势差。由于玻璃电极中内参比电极的电势是恒定的，所以在玻璃与溶液接触面之间形成的电势差就只与待测溶液的 pH 有关，即 25℃ 时

$$\varphi(玻璃) = \varphi^{\ominus}(玻璃) - 0.0592 \times pH$$

玻璃电极只有浸泡在水溶液中才能显示测量电极的作用，所以在使用前必须先将玻璃电极在蒸馏水中浸泡 24h 进行活化，测量完毕后仍需浸泡在蒸馏水中。长期不用时，应将玻璃电极放入盒内保存。

玻璃电极使用方便，可以测定有色的、浑浊的或胶体溶液的 pH。测定时不受溶液中氧化剂或还原剂的影响，所用试剂量少，而且测定操作不对试液造成破坏，测定后溶液仍可正常使用。但是，玻璃电极头部球泡非常薄，容易破损，使用时要特别小心。长时间存放容易老化出现裂纹，因此需要定时维护。如果测量强碱性溶液的 pH，测定时操作要快，用完后立即用水洗涤玻璃球泡，以免玻璃膜被强碱腐蚀。

③ 复合电极　为了使用方便，现在经常使用 pH 复合电极测量溶液的 pH。pH 复合电极是传感电极和参比电极的复合体，即将上述的甘汞电极和玻璃电极复合到一起。

复合电极是由玻璃电极和 Ag-AgCl 参比电极合并制成的，电极的球泡是由具有氢功能的锂玻璃熔融吹制而成，呈球形，膜厚 0.1mm 左右。电极支持管的膨胀系数与电极球泡玻璃一致，是由电绝缘性能优良的铝玻璃制成。内参比电极为 Ag-AgCl 电极。内参比溶液是零电位等于 7 的含有 Cl^- 的电介质溶液，这种溶液是中性磷酸盐和 KCl 的混合溶液。外参比电极为 Ag-AgCl 电极，外参比溶液为 $3.3mol \cdot dm^{-3}$ 的 HCl 溶液，经 AgCl 饱和，加适量琼脂，使溶液呈凝胶状而固定之。液接面是沟通外参比溶液和被测溶液的连接部件，其电极导线为聚乙烯金属屏蔽线，内芯与内参比电极连接，屏蔽层与外参比电极连接。

(2) 测定原理

将玻璃电极与参比电极（甘汞电极）同时浸入待测溶液中组成电池，用精密电位计测该电池的电动势。在 25℃时

$$E = \varphi_+ - \varphi_- = 0.2415 - \varphi^{\ominus}(玻璃) + 0.0592 \times pH$$

对于给定的玻璃电极，$\varphi^{\ominus}(玻璃)$ 是一定的，它可由测定一个已知 pH 的标准缓冲溶液的电动势而求得。因此，只要测定待测溶液的电动势 E，就可根据上式计算出该溶液的 pH。为了省去计算，酸度计把测定的电动势直接用 pH 刻度表示出来，因而在酸度计上可以直接读出溶液的 pH。

2.10.2　酸度计的使用方法

下面主要以精密 pHS-3C 型酸度计为例，说明酸度计的使用方法，其他类型的酸度计可以参考其使用说明书。

pHS-3C 型酸度计前、后面板的示意图如图 2-30 所示。

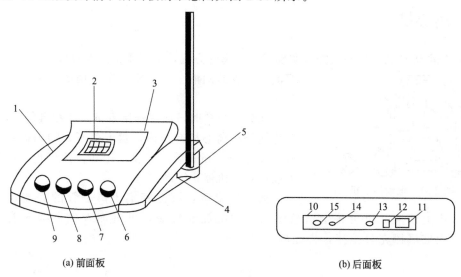

(a) 前面板　　　　　　　　　　(b) 后面板

图 2-30　pHS-3C 型酸度计前、后面板示意图

1—机箱外壳；2—显示屏；3—面板；4—机箱底；5—电极杆插座；6—定位调节旋钮；7—斜率
补偿调节旋钮；8—温度补偿调节旋钮；9—选择开关旋钮；10—仪器后面板；11—电源
插座；12—电源开关；13—保险丝；14—参比电极接口；15—测量电极插座

(1) 操作步骤

① 开机前准备

a. 将复合电极插入电极插座，调节电极夹至适当位置；

b. 小心取下复合电极前端的电极套，用去离子水清洗电极后用滤纸吸干。

② 打开电源开关，预热 20min。

③ 仪器标定

a. 将选择开关旋钮 9 旋至 pH 挡；调节温度补偿旋钮 8，使旋钮上的白线对准溶液温度值。把斜率补偿调节旋钮 7 顺时针旋到底（即旋到 100% 位置）。

b. 将清洗过的电极插入 pH=6.86 的缓冲溶液中，调节定位调节旋钮 6，使仪器显示读数与该缓冲溶液在当时温度下的 pH 一致。

c. 用去离子水清洗电极后再插入 pH=4.00（或 pH=9.18）的标准缓冲溶液中，调节斜率补偿调节旋钮，使仪器的显示读数与该缓冲溶液在当时温度下的 pH 一致。

d. 重复 b、c 操作，直至不用再调节定位或斜率调节旋钮为止。

④ 测定。用去离子水清洗电极并用滤纸吸干，将电极插入待测溶液中，显示屏上的读数即为被测溶液的 pH。

(2) 注意事项

① 防止仪器与潮湿气体接触。潮气的侵入会降低仪器的绝缘性，使其灵敏度、精确度、稳定性都降低。

② 玻璃电极小球的玻璃膜极薄，容易破损。切忌与硬物接触。

③ 玻璃电极的玻璃膜不要沾上油污，如不慎沾上油污可先用四氯化碳或乙醚冲洗，再用酒精冲洗，最后用蒸馏水洗净。

④ 甘汞电极的氯化钾溶液中不允许有气泡存在，其中有极少结晶，以保持饱和状态。如结晶过多，毛细孔堵塞，最好重新灌入新的饱和氯化钾溶液。

⑤ 如酸度计指针抖动严重或显示的读数紊乱，应考虑更换电极。

2.11 离心机

离心分离法是利用离心沉降来实现固液分离的方法，适用于沉淀颗粒极细难于沉降以及沉淀量很少的固液分离。实验室常用的电动离心机如图 2-31。

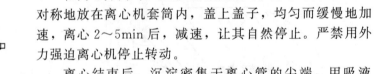

图 2-31 电动离心机

在离心分离时，注意选用重量大致相等的离心试管，对称地放在离心机套筒内，盖上盖子，均匀而缓慢地加速，离心 2~5min 后，减速，让其自然停止。严禁用外力强迫离心机停止转动。

离心结束后，沉淀密集于离心管的尖端，用吸液管小心吸出上清液。也可将上清液倾出。如沉淀需洗涤，可再加入少量洗涤液于离心试管中，用玻璃棒充分搅拌，再经离心机分离。

（袁小亚）

第3章 基本操作技能及化学原理实验

实验 3.1 酒精喷灯的使用和简单玻工操作 （3h）

一、实验目的

1. 了解酒精喷灯的构造，学会酒精喷灯的正确使用方法。
2. 了解正常火焰各部分温度的高低。
3. 练习玻棒和玻管的截断、弯曲、拉细，以及滴管的制作等基本操作。

二、实验原理

有关酒精喷灯的构造、火焰性质、使用方法参见第 2 章常用化学实验仪器及使用方法部分。

三、仪器和试剂

酒精喷灯、玻璃棒、玻璃管、三角锉刀或砂轮片、石棉网、硬纸片、滴头、火柴。

四、实验内容

1. 酒精喷灯的使用

(1) 酒精喷灯的类型

常用的酒精喷灯有座式和挂式两种，见图 2-9。座式喷灯的酒精贮存在灯座内，挂式喷灯的酒精贮存罐悬挂于高处。酒精喷灯的火焰温度可达 1000℃。

(2) 酒精喷灯的点燃及火焰的调节

在酒精喷灯的灯壶中加入酒精，关小灯管的空气入口，在预热盆加满酒精并点燃预热铜质灯管；待盆中酒精将近燃完时，灯管炽热后，开启灯管上的开关（逆时针转）调节灯的空气进入量；来自贮罐的酒精在灯管内受热汽化，与来自气孔的空气混合；这时预热盆火焰自动点燃管口气体（或用火柴点燃），就产生高温火焰；调节开关阀来控制火焰的大小。用毕后，旋紧喷灯管（座）上的开关，同时用小木板盖住灯管口隔绝空气（挂式喷灯关闭酒精贮罐下的活栓）就能使灯焰熄灭。

2. 简单的玻璃加工操作

(1) 截断

将玻璃管（玻璃棒）平放桌面边缘上，按住要截断的地方，用锉刀的棱边靠着拇指按住的位置，用力由外向内锉出一道稍深的锉痕，见图 3-1，锉时应向一个方向略用力拉锉，不要来回乱锉。锉痕应与玻璃管垂直，这样折断后玻璃管的截面才是平整的。然后双手持玻璃管，锉痕向外，两拇指顶住锉痕的背后轻轻向前推，同时两手朝两边稍用力一拉，如锉痕深度合适，玻璃管即可折断（如图 3-2）。如折断困难，可在原痕再锉一下，重新折断。

(2) 熔烧

玻璃管的截面很锋利，容易把手割破和割裂橡皮管，也难以插入塞孔内，所以必须熔烧圆滑。把玻璃管的截断面斜插入氧化焰中，不断地来回转动玻璃管，使断口各部分受热均匀

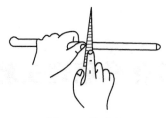

图 3-1　截玻璃

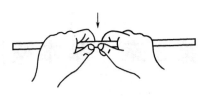

图 3-2　折断玻璃管

（图 3-3）。直到受热处发红，先移至火焰附近转动一会，使红热部分慢慢冷却，再放在石棉网上冷至室温。灼热的玻璃管不能直接放在桌面上，以免烧焦桌面。

玻璃棒的截断面也需用同法熔烧后使用。

熔烧时间不能过长，否则会使玻璃管断口收缩变小甚至封死，玻璃棒则会变形。

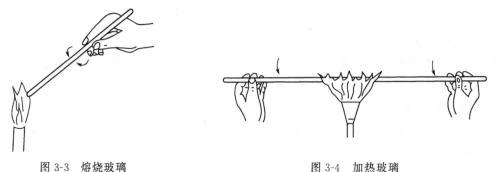

图 3-3　熔烧玻璃

图 3-4　加热玻璃

（3）弯曲

先将玻璃管用小火预热一下。然后双手持玻璃管，把要弯曲的地方斜插入氧化焰内，以增大玻璃管的受热面积（也可以在酒精喷灯上罩个鱼尾灯头，以扩大火焰，增大玻璃管受热面积），要缓慢而均匀地向一个方向转动玻璃管，两手转速要一致，用力要均等，以免玻璃管在火焰中扭曲，见图 3-4。加热到玻璃管发黄变软但未自动变形前，即可自火焰中取出，稍等 1～2s，使热量扩散均匀，再把它弯成一定的角度。使玻璃管的弯曲部分在两手中间的下方，这样可同时利用玻璃管变软部分自然下坠的力量。

较大的角度可以一次弯成，较小的角度可以分几次弯成，先弯成一个较大的角度，然后在第一次受热部位稍偏左、稍偏右处进行第二次、第三次加热和弯曲，直到弯成所要求的角度。

弯曲时应注意使整个玻璃管在同一平面上。不能用力过猛，否则会使玻璃管弯曲处直径变小或折叠、扁塌。玻璃管弯好后置石棉网上自然冷却。

（4）拉伸

拉伸受热变软的玻璃管（或玻璃棒）可使它们变细。加热方法与弯玻璃管时基本相同，不过要烧得更软一些，玻璃管应烧到红黄色稍有下凹时才能从火焰中取出，顺着水平方向边拉边来回转动，拉开至一定细度后，手持玻璃管，使它竖直下垂。冷却后，可按需要截断，即得到两根一端有尖嘴的玻璃管。

3. 制作常用实验用具

（1）制作搅拌棒、玻璃钉

截取一根长约 150mm、直径 4～5mm 的玻璃棒一根，断口熔烧至圆滑。

制作一根长约 130mm 的玻璃钉搅拌棒。

（2）弯曲玻璃管

截取一根长约 200mm 的玻璃管，在它长度的 1/3 处弯成 90°角。

（3）制作滴管

制作一根长约 150mm、尖嘴直径 1.5～2.0mm 的滴管。

熔烧滴管小口时要注意稍微烧一下即可，否则尖嘴会收缩，甚至封死。滴管粗的一端截面烧熔后，立即垂直地在石棉网上轻轻地压一下，使管口变厚。冷却后套上橡皮帽，即制成滴管。

五、思考题

1. 为什么酒精喷灯灯管被烧热，怎样避免？
2. 加热时器皿应放在火焰的什么位置最好？

（牟元华）

实验 3.2　分析天平的使用及称量练习（2h）

一、实验目的

1. 了解分析天平的构造、性能及使用规则，掌握分析天平的使用方法。
2. 学会正确的称量方法，初步掌握减量法的称量方法。
3. 正确运用有效数字作称量记录和计算。

二、实验原理

本实验采用电子分析天平，物体质量可以精确称量到 0.1mg，根据待称物质的性质不同，可采用直接称量法和减量称量法。

1. 直接称量法

对于不易吸湿、在空气中性质稳定的一些固体样品如金属、矿物等可采用直接称量法。其方法是：先准确称出表面皿（或小烧杯、称量纸等）的质量 m_1，然后用药匙将一定量的样品置于表面皿上（如图 3-5 所示），再准确称量出总质量 m_2，则 $m_2 - m_1$ 即为样品的质量；也可根据所需试样的质量，先放好砝码，再用药匙加样品，直至天平平衡。称量完毕，将样品全部转移到准备好的容器中。

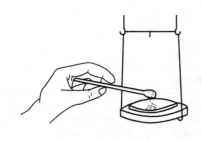

图 3-5　直接称量法

图 3-6　倾倒试样的方法

2. 减量称量法

对于易吸湿、在空气中不稳定的样品宜用减量法进行称量。其方法是：先将待称样品置于洗净并烘干的称量瓶中，保存在干燥器中。称量时，从干燥器中取出称量瓶，准确称量，装有样品的称量瓶质量为 m_3，然后将称量瓶置于洗净的盛放试样的容器上方，用右手将瓶盖轻轻打开，将称量瓶倾斜，用瓶盖轻敲瓶口上方，使试样慢慢落入容器中（见图 3-6）。

当倾出的试样已接近所需要的质量时，慢慢将瓶竖起，再用称量瓶瓶盖轻敲瓶口上部，使粘在瓶口和内壁的试样落在称量瓶或容器中，然后盖好瓶盖（上述操作都应在容器上方进行，防止试样丢失），将称量瓶再放回天平盘，准确称量，记下质量 m_4，则 $m_3 - m_4$ 即为样品的质量。如此继续进行，可称取多份试样。

三、仪器和试剂

仪器：电子天平，称量瓶，烧杯（$50cm^3$），表面皿，药匙。

试剂：粉末试样（不吸湿，在空气中性质稳定）。

四、实验内容

1. 熟悉电子天平的结构

熟悉电子天平的结构及各功能键的功能。

2. 电子天平称量练习

（1）直接称量法称取 0.5g 固体粉末

① 将电子天平调零。

② 取一只洁净、干燥的小烧杯于电子天平内，读数稳定后，按去皮键。

③ 用药匙加入约 0.5g 的试样后，关闭好天平门，记录其质量为 m，取出小烧杯。

（2）用差减法准确称量 0.5g 固体粉末

① 准确称量一只洁净、干燥的小烧杯的质量 m_1 和装有粉末试样的称量瓶，记录其质量为 m_2。

② 取出称量瓶，按图 3-6 的操作，将试样慢慢倾入一只洁净、干燥的小烧杯中，要求倾出约 0.5g 试样。然后，再准确称出称量瓶和剩余试样的质量，记为 m_3，倾出的试样质量应为 $(m_2 - m_3)$。

倾样时，由于学生初次称量，缺乏经验，很难一次称准所要求的试样量，因此在步骤②可以多次重复倾出试样，直至 $(m_2 - m_3)$ 接近 0.5g。即第一次倾出少量试样，并在分析天平上称出此量，根据粗称的量估计不足的量为倾出量的几倍，继续倾出试样至所需的量，并准确称量 m_3。

③ 在分析天平上精确称量装有试样的小烧杯，记录其质量为 m_4。小烧杯中的试样质量应为 $(m_4 - m_1)$。试对比 $(m_4 - m_1)$ 与 $(m_2 - m_3)$ 之值。

实验完毕后，关闭天平，将称量瓶放入干燥器内。

五、实验数据记录及处理

电子天平称量数据填入表 3-1。

表 3-1 电子天平称量数据

称量项目	称物质量	称量项目	称物质量
试样（1）	$m=$　　g	小烧杯	$m_1=$　　g
称量瓶＋试样（倾出前）	$m_2=$　　g	小烧杯＋试样	$m_4=$　　g
称量瓶＋试样（倾出后）	$m_3=$　　g	试样（2）-2	$m_4-m_1=$　　g
试样（2）-1	$m_2-m_3=$　　g	称量误差	$(m_4-m_1)-(m_2-m_3)=$　　g

六、思考题

1. 直接称量法和减量称量法各有何不同？各适宜于什么情况下选用？

2. 用减量称量法称样时，若称量瓶内的试样吸湿，对称量结果造成什么误差？若试样倾入烧杯后再吸湿，对称量是否有影响？为什么？（此问题是指一般的称量情况）。

（严春蓉、汤琪）

实验 3.3　溶液的配制与标定（3h）

一、实验目的
1. 学会配制一定浓度的标准溶液的方法。
2. 进一步练习天平、滴定管、容量瓶、移液管的使用。
3. 初步掌握酸碱指示剂的选择方法。

二、实验原理
根据溶液所含溶质是否确知，溶液可分为两种，一种是浓度准确已知的溶液，称为标准溶液，这种溶液的浓度可准确表示出来（有效位数一般为 4 位或 4 位以上）。另一种浓度不是确知的，称为一般溶液，这种溶液的浓度一般用 1～2 位有效数字表示出来。

配制标准溶液的方法有两种。

1. 直接法

准确称量一定的某些基准物质，用少量的水溶解，移入容量瓶中直接配成一定浓度的标准溶液。用直接法配制溶液必须要用基准物质，作为基准物质必须符合以下要求：①物质的组成与化学式相符，若含结晶水，例如 $H_2C_2O_4 \cdot 2H_2O$，其结晶水的含量也应与化学式相符；②试剂应稳定、纯净，要使用分析纯以上的试剂；③基准物参加反应时，应按反应式定量进行。另外，基准物质最好有较大的摩尔质量，这样，配制一定浓度的标准溶液时，称取基准物较多，称量相对误差较小。常用的基准物质有草酸、氯化钠、无水碳酸钠、重铬酸钾等。

2. 标定法

浓盐酸因含有杂质而且易挥发，氢氧化钠易吸收空气中的水分和 CO_2，因此它们均非基准物质，因而不能直接配制成标准溶液，它们溶液的准确浓度需要先配制成近似浓度的溶液，然后用其他基准物质进行标定。

滴定终点可借助指示剂的颜色变化来确定。一般强碱滴定酸时，常以酚酞为指示剂；而强酸滴定碱时，常以甲基橙为指示剂。

用 $H_2C_2O_4 \cdot 2H_2O$ 标定 NaOH 溶液，反应方程式如下：

$$2NaOH + H_2C_2O_4 =\!=\!= Na_2C_2O_4 + 2H_2O$$

由反应可知，1mol $H_2C_2O_4 \cdot 2H_2O$ 和 2mol NaOH 完全反应，达等量点时，溶液呈碱性，可选用酚酞作指示剂。

三、仪器和试剂
仪器：台秤，分析天平，10cm³ 量筒 1 支，50cm³ 碱式滴定管 1 支，50cm³ 酸式滴定管 1 支，250cm³ 锥形瓶 3 只，带玻璃塞和胶塞的 500cm³ 试剂瓶各 1 个，容量瓶 100cm³ 1 个，25cm³ 移液管 1 支。

试剂：浓 HCl，NaOH(s)，$H_2C_2O_4 \cdot 2H_2O$(s)，酚酞指示剂。

四、实验内容
1. 一般溶液的配制

（1）0.1mol·dm⁻³ HCl 溶液的配制

用洁净的 $10cm^3$ 量筒量取浓盐酸 $4.5cm^3$，倒入事先已加入少量蒸馏水的 $500cm^3$ 洁净的试剂瓶中，用蒸馏水稀释至 $500cm^3$，盖上玻璃塞，摇匀，贴好标签。

（2） $0.1mol \cdot dm^{-3}$ NaOH 溶液的配制

用洁净的 $10cm^3$ 量筒量取 $4.0cm^3$ 50％ 的 NaOH 上清液，倒入 $500cm^3$ 洁净的试剂瓶中，用蒸馏水稀释至 $500cm^3$，盖上橡胶塞，摇匀，贴好标签。

标签上写明：试剂名称、浓度、配制日期、专业、姓名。

2. 标准溶液的配制

（1）直接法

配制 $0.05mol \cdot dm^{-3}$ 的草酸标准溶液：准确称取草酸（$H_2C_2O_4 \cdot 2H_2O$）约 $0.64g$（精确到 $0.0001g$）于小烧杯中，用少量蒸馏水溶解后定量转入 $100cm^3$ 容量瓶内，用少量水洗涤烧杯数次，洗液也全部转入容量瓶，定容，加水稀释至刻度，摇匀，计算草酸溶液的准确浓度。

（2）标定法（NaOH 溶液浓度的标定）

① 取一支洗净的碱式滴定管，先用蒸馏水淋洗 3 遍，再用 NaOH 溶液淋洗 3 遍，每次都要将滴定管放平、转动，最后溶液从尖嘴放出。注入 NaOH 溶液到 "0" 刻度以上，赶走橡皮管和尖嘴部分的气泡，再调整管内液面的位置恰好在 "0.00" 刻度处。

② 取一支洗净的 $25cm^3$ 移液管，用蒸馏水和标准草酸溶液各淋洗 3 遍。移取 $25.00cm^3$ 标准草酸溶液于洁净锥形瓶中，加入 2～3 滴酚酞指示剂，摇匀。

③ 右手持锥形瓶，左手挤压滴定管下端玻璃球处橡皮管，在不停地轻轻旋转摇荡锥形瓶的同时，以 "连滴不成线、逐滴加入、液滴悬而不落" 的顺序滴入 NaOH 溶液。碱液滴入酸中时，局部会出现粉红色，随着摇动，粉红色很快消失。当接近滴定终点时，粉红色消失较慢，此时每加一滴碱液都要摇动均匀。锥形瓶中出现的粉红色 $0.5min$ 内不消失，则可认为已达终点（在滴定过程中，碱液可能溅到锥形瓶内壁，因此快到终点时，应该用洗瓶冲洗锥形瓶的内壁，以减少误差）。记下滴定管中液面位置的准确读数。

④ 再重复滴定两次。3 次所用 NaOH 溶液的体积相差不超过 $0.05cm^3$ 即可取平均值计算 NaOH 溶液的浓度。

五、实验数据记录及处理

1. $H_2C_2O_4$ 溶液浓度的计算

$$c(H_2C_2O_4) = \frac{m(H_2C_2O_4 \cdot 2H_2O)}{V(H_2C_2O_4)M(H_2C_2O_4 \cdot 2H_2O)}$$

式中　$m(H_2C_2O_4 \cdot 2H_2O)$——准确称取的 $H_2C_2O_4 \cdot 2H_2O$ 的质量，g；

$V(H_2C_2O_4)$——所配制溶液的体积，dm^3；

$M(H_2C_2O_4 \cdot 2H_2O)$——$H_2C_2O_4 \cdot 2H_2O$ 的摩尔质量，$g \cdot mol^{-1}$；

$c(H_2C_2O_4)$——所配 $H_2C_2O_4$ 标准溶液的准确浓度，$mol \cdot dm^{-3}$。

2. NaOH 溶液浓度的计算

$$c(NaOH) = \frac{2c(H_2C_2O_4)V(H_2C_2O_4)}{V(NaOH)}$$

式中　$c(H_2C_2O_4)$——参与反应的 $H_2C_2O_4$ 的摩尔浓度，$mol \cdot dm^{-3}$；

$V(H_2C_2O_4)$——参与反应的 $H_2C_2O_4$ 的体积，cm^3；

$V(NaOH)$ ——滴定时消耗 NaOH 溶液的体积，cm^3；

$c(NaOH)$ ——所求 NaOH 标准溶液的准确浓度，$mol \cdot dm^{-3}$。

将实验中测得的有关数据填入表 3-2。

表 3-2　实验数据记录

指示剂：_____

测　定　次　数	一	二	三
$H_2C_2O_4$ 标准溶液浓度/$mol \cdot dm^{-3}$			
参与反应 $H_2C_2O_4$ 的体积 V/cm^3			
参与反应 $H_2C_2O_4 \cdot 2H_2O$ 的物质的量/mol			
消耗 NaOH 溶液体积 V/cm^3			
NaOH 溶液浓度 $c/mol \cdot dm^{-3}$			
NaOH 溶液平均浓度/$mol \cdot dm^{-3}$			

六、思考题

1. 滴定管和吸管为什么要用待量取的溶液洗几遍？锥形瓶是否也要用同样的方法洗？

2. 以下情况对标定 NaOH 浓度有何影响？

(1) 滴定前没有赶尽滴定管中的气泡。

(2) 滴定完后，滴定管的尖嘴内有气泡。

(3) 滴定完后，滴定管尖嘴外挂有液滴。

(4) 滴定过程中，往锥形瓶内加少量蒸馏水。

3. 基准物质称完后，需加 $30cm^3$ 水溶解，水的体积是否要准确量取，为什么？

（牟元华）

实验 3.4　醋酸离解度和离解常数的测定（3h）

一、实验目的

1. 学习测定醋酸离解度和离解常数的基本原理和方法。

2. 学会酸度计的使用方法。

3. 巩固溶液的配制及容量瓶和移液管的使用，学习溶液浓度的标定。

二、实验原理

1. 醋酸浓度的标定

计量方程：　　　　$HAc(aq) + NaOH(aq) = NaAc(aq) + H_2O(l)$

在滴定终点时：$n(HAc) = n(NaOH)$，即：

$$c(HAc) = \frac{c(NaOH)V(NaOH)}{V(HAc)}$$

2. 离解常数的计算

醋酸（HAc）是弱电解质，在水溶液中存在下列离解平衡：

$$HAc \rightleftharpoons H^+ + Ac^-$$

起始时　　　　　　　　c　　　0　　0

平衡时　　　　　　　$c-x$　　x　　x

根据化学平衡原理，生成物浓度乘积与反应物浓度乘积之比为一常数，即

$$K_a = \frac{c(H^+)c(Ac^-)}{c(HAc)}$$

式中　K_a——醋酸的离解常数。

将平衡时各物质的浓度代入上式，得

$$K_a = \frac{x^2}{c-x} = \frac{c^2(\mathrm{H^+})}{c-c(\mathrm{H^+})} = \frac{c\alpha^2}{1-\alpha}$$

式中　c——HAc 的起始浓度；

x——平衡时氢离子（或醋酸根离子）的浓度，$c(\mathrm{H^+}) = 10^{-pH}c^{\ominus}$。

根据离解度的定义，平衡时已离解的分子数占原有分子总数的百分数称作离解度 α，即 $\alpha = c(\mathrm{H^+})/c$。因此，如果由实验测出醋酸溶液的 pH，即可求出 $c(\mathrm{H^+})$，进而求出 α，并求出醋酸的离解常数 K_a。

三、仪器和试剂

仪器：烧杯（50cm³），移液管（25cm³），洗耳球，锥形瓶，酸式滴定管，碱式滴定管，酸度计。

试剂：醋酸溶液 $c(\mathrm{HAc}) = 0.1\mathrm{mol \cdot dm^{-3}}$，磷酸标准缓冲溶液（pH = 4.00、pH = 6.86），NaOH 标准溶液 $c(\mathrm{NaOH}) = 0.1000\mathrm{mol \cdot dm^{-3}}$，酚酞指示剂。

四、实验内容

1. 醋酸溶液浓度的标定

用清洁的 25cm³ 移液管吸取 NaOH 标准溶液 25.00cm³，放入 250cm³ 锥形瓶中，加入酚酞指示剂 2～3 滴，用待测的醋酸溶液滴定，至酚酞指示剂的红色恰好消失为止，记下所用的醋酸溶液体积。平行测定 3 份，把滴定数据和计算结果填入表中，计算醋酸的原始浓度。

2. pH 法测定醋酸的离解常数

用滴定管分别放出 32.00cm³、16.00cm³、8.00cm³ 和 4.00cm³ 上述已知浓度的 HAc 溶液于 4 只干燥的 50cm³ 烧杯中，并依次编号为 1、2、3、4。然后用滴定管往后面 3 只烧杯即 2、3、4 号烧杯中分别加 16.00cm³、24.00cm³ 和 28.00cm³ 蒸馏水，并混合均匀。用酸度计分别依次测定 4～1 号小烧杯中醋酸溶液的 pH，并如实正确记录测定数据，计算对应的电离度和平衡常数。

五、实验数据记录及处理

1. 醋酸溶液浓度标定的数据记录和处理

滴　定　序　号		1	2	3
标准 NaOH 溶液体积/cm³		25.00	25.00	25.00
HAc 溶液的体积/cm³				
标准 NaOH 溶液的浓度/mol·dm⁻³				
HAc 溶液的浓度	测定值			
	平均值			

2. pH 法测定醋酸离解常数数据记录和处理

编　号	$c(\mathrm{HAc})/\mathrm{mol \cdot dm^{-3}}$	pH	$c(\mathrm{H^+})/\mathrm{mol \cdot dm^{-3}}$	$\alpha = \dfrac{c(\mathrm{H^+})}{c}$	$K_a = \dfrac{c\alpha^2}{1-\alpha}$	K_a 平均值
1						
2						
3						
4						

测定时溶液的温度____℃

六、思考题

1. 不同浓度的醋酸溶液的电离度是否相同？离解常数是否相同？
2. 使用酸度计应注意哪些问题？
3. 滴定管和移液管为什么要先用所盛装的溶液洗涤，而锥形瓶却不能用所盛的溶液洗涤？

（牟元华）

实验 3.5　碘酸铜的制备及溶度积的测定（3h）

一、实验目的

1. 了解分光光度法测定溶度积的原理。
2. 熟练溶液配制、移液等操作。
3. 练习分光光度计的使用。

二、实验原理

将硫酸铜溶液和碘酸钾溶液在一定温度下混合，反应后得到碘酸铜沉淀，其反应方程式如下：

$$CuSO_4 + 2KIO_3 \rule[0.5ex]{2em}{0.4pt} Cu(IO_3)_2 \downarrow + K_2SO_4$$

碘酸铜是难溶强电解质，在水溶液中存在下述动态平衡：

$$Cu(IO_3)_2(s) \rightleftharpoons Cu^{2+}(aq) + 2IO_3^-(aq)$$

其平衡常数叫做溶度积常数，简称溶度积，以 K_{sp} 表示：

$$K_{sp}[Cu(IO_3)_2] = c(Cu^{2+})c(IO_3^-)^2$$

平衡时的溶液为饱和溶液，测定 $Cu(IO_3)_2$ 饱和溶液中的 $c(Cu^{2+})$ 和 $c(IO_3^-)$，便可计算出其溶度积的值。

$c(Cu^{2+})$ 的测定可通过分光光度法进行，用一系列已知浓度 Cu^{2+} 溶液，加入氨水，使 Cu^{2+} 生成蓝色 $[Cu(NH_3)_4]^{2+}$，在分光光度计上测定有色液的吸光度 A，以 A 为纵坐标，$c(Cu^{2+})$ 为横坐标，描绘 A-$c(Cu^{2+})$ 的关系曲线（标准曲线）。然后吸取一定量 $Cu(IO_3)_2$ 饱和溶液与氨水作用，测定所得蓝色溶液的吸光度 A'，在标准曲线上找出与 A' 相对应的 $c(Cu^{2+})$，即为 $Cu(IO_3)_2$ 饱和溶液中的 $c(Cu^{2+})$。这样便可求算碘酸铜的溶度积（如何计算？）。

三、仪器和试剂

仪器：烧杯，抽滤装置，玻璃漏斗，50cm³ 容量瓶，吸量管，定量滤纸，分光光度计。

试剂：$CuSO_4 \cdot 5H_2O(s)$，$KIO_3(s)$，$NH_3 \cdot H_2O(6mol \cdot dm^{-3})$，$CuSO_4(0.16mol \cdot dm^{-3})$，$K_2SO_4(0.16mol \cdot dm^{-3})$。

四、实验内容

1. 碘酸铜的制备

用两个烧杯分别称取 1.3g 硫酸铜（$CuSO_4 \cdot 5H_2O$），2.1g 碘酸钾（KIO_3），加入适量蒸馏水（如何决定水量？），微热下使其完全溶解。将两溶液混合，加热并不断搅拌以免产生暴沸。约 20min 后，停止加热（如何判断反应是否完全？）。静置溶液至室温，弃去上层清液，用倾滗法将所得碘酸铜洗净，以洗涤液中检查不到 SO_4^{2-} 为标志（大约需洗 5～6 次，每次可用蒸馏水 10cm³），记录产品的外形、颜色及观察到的现象，最后进行减压过滤，将碘酸铜沉淀抽干后，烘干，计算产率。

2. K_{sp} 的测定

（1）标准曲线制作

用吸量管分别吸取 $0.2cm^3$、$0.4cm^3$、$0.6cm^3$、$0.8cm^3$、$1.0cm^3$、$1.2cm^3$ $CuSO_4$ 溶液（$0.1600mol \cdot dm^{-3}$）。于有标记的 6 个 $50cm^3$ 容量瓶中，加 $6mol \cdot dm^{-3}$ 氨水 $4cm^3$，用蒸馏水稀释至刻度，摇匀，以蒸馏水作为参比液，选用 $2cm$ 比色皿，在入射光波长 $610nm$ 条件下测定它们的吸光度，将有关数据记入表 3-3，以吸光度为纵坐标，相应的 Cu^{2+} 浓度为横坐标，绘制工作曲线。

（2）配制含不同浓度 Cu^{2+} 和 IO_3^- 的碘酸铜饱和溶液。

取 3 个干燥的小烧杯并将其编号，各加入少量（黄豆般大）自制的碘酸铜和 $19.00cm^3$ 蒸馏水（应该用什么仪器量水？）。然后，用吸量管按表 3-2 加入一定量的硫酸铜和硫酸钾溶液，硫酸钾的作用是调整离子强度，使溶液的总体积为 $20.00cm^3$。

不断地搅拌上述混合溶液约 $15min$，以保证配得碘酸铜饱和溶液。静置，待溶液澄清后，用致密定量滤纸、干燥玻璃漏斗常压过滤（滤纸不要用水润湿），滤液用编号的干燥小烧杯收集，沉淀不要转移到滤纸上。

（3）测定 $Cu(IO_3)_2$ 饱和溶液中 $c(Cu^{2+})$

取饱和碘酸铜滤液各 $10.00cm^3$ 于按表 3-2 准备好的 3 个编号的 $50cm^3$ 容量瓶中，加入 $6mol \cdot dm^{-3}$ 氨水 $4cm^3$，用蒸馏水稀释至刻度，摇匀，用 $2cm$ 比色皿在波长 $610nm$ 条件下，用蒸馏水作为参比液测量其吸光度，从工作曲线上查出 Cu^{2+} 的浓度，将有关数据记入表 3-4，并计算 K_{sp}。

五、实验数据记录及处理

1. 标准曲线的制作

表 3-3　吸光度及浓度数据 （$\lambda = 610nm$）　　$c(Cu^{2+}$，原始)＝ _____

容量瓶编号	1	2	3	4	5	6
$0.16mol \cdot dm^{-3} CuSO_4$ 体积/cm^3	0.20	0.40	0.60	0.80	1.0	1.2
$6mol \cdot dm^{-3} NH_3 \cdot H_2O$ 体积/cm^3			4.0			
吸光度 A						
Cu^{2+} 浓度/$\times 10^{-3} mol \cdot dm^{-3}$						

2. 根据表 3-4 算出 $K_{sp}[Cu(IO_3)_2]$

表 3-4　K_{sp} 的计算相关数据表

容量瓶编号	1	2	3
$0.16mol \cdot dm^{-3} CuSO_4$ 体积/cm^3	0.00	0.50	1.00
$0.16mol \cdot dm^{-3} K_2SO_4$ 体积/cm^3	1.00	0.50	0
所加 Cu^{2+} 浓度 a/$\times 10^{-3} mol \cdot dm^{-3}$	0.00	4.00	8.00
吸光度 A			
Cu^{2+} 浓度			
Cu^{2+} 的平衡浓度 b/$\times 10^{-3} mol \cdot dm^{-3}$			
IO_3^- 的平衡浓度 $2(b-a)$/$\times 10^{-3} mol \cdot dm^{-3}$			
$K_{sp} = c(Cu^{2+}) \cdot c(IO_3^-)^2 = b[2(b-a)]^2$			
$\overline{K}_{sp}$			

六、思考题

1. 为什么要将所制得的碘酸铜洗净？

2. 如果配制的碘酸铜溶液不饱和或过滤时碘酸铜透过滤纸，对实验结果有何影响？

3. 过滤碘酸铜饱和溶液时，所使用的漏斗、滤纸、烧杯等是否均要干燥的？

4. 为什么用含不同 Cu^{2+} 浓度的溶液测定碘酸铜的 K_{sp}？

5. 为什么配制 $Cu[(NH_3)_4]^{2+}$ 溶液时，所加氨水的浓度要相同？

（牟元华）

实验 3.6　配合物的性质 （3h）

一、实验目的

1. 了解配离子的性质。

2. 比较配离子的稳定性。

3. 了解使配位平衡移动的方法。

二、实验原理

配位化合物分子一般是由中心离子、配位体和外界所构成。中心离子和配位体组成配位离子（内界），例如：

$$[Cu(NH_3)_4]SO_4 \rightleftharpoons [Cu(NH_3)_4]^{2+} + SO_4^{2-}（完全解离）$$

$$[Cu(NH_3)_4]^{2+} \rightleftharpoons Cu^{2+} + 4NH_3（部分解离）$$

$[Cu(NH_3)_4]^{2+}$ 称为配位离子（内界），其中 Cu^{2+} 为中心离子，NH_3 为配位体，SO_4^{2-} 为外界。配位化合物中的内界和外界可以用实验来确定。

配位离子的解离平衡也是一种动态平衡，能向着生成更难解离或更难溶解的物质的方向移动。若金属离子 M^{m+} 和配体 L^- 形成配离子 $ML_n^{(m-n)+}$，在水溶液中产生如下解离平衡：

$$ML_n^{(m-n)+} \rightleftharpoons M^{m+} + nL^-$$

根据平衡移动原理，改变 M^{m+} 或 L^- 的浓度，会使上述平衡发生移动。假若加入一种试剂能与 M^{m+}（或 L^-）生成难溶物质、生成更稳定的配离子或使其氧化态改变等，都能使平衡向右移动，如：

$$[Ag(NH_3)_2]^+ \rightleftharpoons Ag^+ + 2NH_3$$
$$+ \qquad +$$
$$AgBr \rightleftharpoons Br \qquad 2H^+ \rightleftharpoons 2NH_4^+$$

三、仪器和试剂

仪器：离心机，电加热器，普通试管，离心试管，烧杯。

试剂：$NH_3 \cdot H_2O$（$2mol \cdot dm^{-3}$），$AgNO_3$（$0.1mol \cdot dm^{-3}$），KBr（$0.1mol \cdot dm^{-3}$），KI（$0.1mol \cdot dm^{-3}$），$NaCl$（$0.1mol \cdot dm^{-3}$），NH_4F（$2mol \cdot dm^{-3}$），$Na_2S_2O_3$（$0.5mol \cdot dm^{-3}$），pH 试纸，CCl_4，$Cu(NO_3)_2$（$0.1mol \cdot dm^{-3}$），$NaOH$（$0.1mol \cdot dm^{-3}$），$Fe(NO_3)_3$（$0.1mol \cdot dm^{-3}$），$Ni(NO_3)_2$（$0.1mol \cdot dm^{-3}$），$EDTA$（$0.1mol \cdot dm^{-3}$），$Fe_2(SO_4)_3$（$0.5mol \cdot dm^{-3}$），HCl（$6mol \cdot dm^{-3}$），NH_4SCN（$0.1mol \cdot dm^{-3}$），$(NH_4)_2C_2O_4$（饱和）。

四、实验内容

1. 配离子的形成

（1）取两支试管分别放入 5 滴 $0.1mol \cdot dm^{-3}$ $Cu(NO_3)_2$ 溶液，一支试管中加入 $0.1mol \cdot$

dm^{-3} NaOH 溶液，观察现象。另一支试管中加入过量 2mol•dm^{-3} NH$_3$•H$_2$O，观察溶液的颜色，然后再加入 0.1mol•dm^{-3} NaOH 溶液，有何现象？解释原因。

（2）将 5 滴 0.5mol•dm^{-3} Na$_2$S$_2$O$_3$ 溶液放入试管中，滴入 2 滴 0.1mol•dm^{-3} AgNO$_3$ 溶液，发生什么反应？然后在所得溶液中加入 2 滴 0.1mol•dm^{-3} NaCl，有什么变化？另取一支试管将 2 滴 0.1mol•dm^{-3} AgNO$_3$ 和 2 滴 0.1mol•dm^{-3} NaCl 混合有何现象？解释原因。

（3）取两支试管，分别放入 0.1mol•dm^{-3} Fe(NO$_3$)$_3$ 溶液，在一支试管中加入 2mol•dm^{-3} NH$_4$F，然后再在两个试管中加入 0.1mol•dm^{-3} KI 溶液和 CCl$_4$，观察现象。

（4）取一支试管放入 0.1mol•dm^{-3} Ni(NO$_3$)$_2$ 溶液，加入 0.1mol•dm^{-3} EDTA 溶液观察颜色变化，在此溶液中加入 0.1mol•dm^{-3} NaOH 溶液，有无 Ni(OH)$_2$ 沉淀生成？

2. 配离子稳定性的比较

取 10 滴 0.5mol•dm^{-3} Fe$_2$(SO$_4$)$_3$ 溶液，逐滴加入 6mol•dm^{-3} HCl 溶液，观察现象，加入 2 滴 0.1mol•dm^{-3} NH$_4$SCN 溶液，观察溶液颜色的变化，再往溶液中滴加 2mol•dm^{-3} NH$_4$F 溶液，有何现象？再加入饱和（NH$_4$）$_2$C$_2$O$_4$ 溶液，溶液颜色又有何变化？从溶液颜色变化，比较生成的各配离子的稳定性。

3. 配位平衡的移动

（1）在离心试管中加入 5 滴 0.1mol•dm^{-3} AgNO$_3$ 溶液和 5 滴 0.1mol•dm^{-3} NaCl 溶液，离心分离，弃去清液，用少量去离子水洗涤，每次洗涤需加热，离心分离，弃去洗涤液，在沉淀上加入 2mol•dm^{-3} NH$_3$•H$_2$O 使沉淀溶解。往所得溶液中加一滴 0.1mol•dm^{-3} NaCl 溶液，观察现象，再加入一滴 0.1mol•dm^{-3} KBr 溶液有何现象？若有 AgBr 沉淀生成，使 AgBr 沉淀完全，离心分离，洗涤沉淀两次，然后加入 0.5mol•dm^{-3} Na$_2$S$_2$O$_3$ 溶液，使沉淀溶解。往所得溶液中加一滴 0.1mol•dm^{-3} KBr 溶液，是否有 AgBr 沉淀产生？再加入一滴 0.1mol•dm^{-3} KI 溶液，有何现象？

通过上述实验比较 AgCl、AgBr、AgI 的 K_{sp} 大小和 [Ag(NH$_3$)$_2$]$^+$、[Ag(S$_2$O$_3$)$_2$]$^{3-}$ 的稳定性。

（2）取 2 滴 0.1mol•dm^{-3} Fe$_2$(SO$_4$)$_3$ 溶液，加入 8 滴饱和（NH$_4$）$_2$C$_2$O$_4$ 溶液，溶液颜色有何变化？加入一滴 0.1mol•dm^{-3} NH$_4$SCN 溶液，溶液颜色有无变化？若向溶液中逐滴加入 6mol•dm^{-3} HCl 溶液，颜色有何变化？解释观察到的现象。

（3）取 5 滴 0.1mol•dm^{-3} Fe(NO$_3$)$_3$ 溶液加入 0.1mol•dm^{-3} NH$_4$SCN 溶液，滴加 0.1mol•dm^{-3} EDTA 溶液，有何现象发生？

五、思考题

1. 有哪些方法可证明 [Ag(NH$_3$)$_2$]$^+$ 配离子溶液中含有 Ag$^+$？

2. 通过实验总结简单离子形成配离子后，哪些性质会发生改变？

3. 影响配位平衡的主要因素是什么？

4. Fe^{3+} 可以将 I$^-$ 氧化为 I$_2$，而自身被还原成 Fe^{2+}，但 Fe^{2+} 的配离子 [Fe(CN)$_6$]$^{4-}$ 又可以将 I$_2$ 还原成 I$^-$，而自身被氧化成 [Fe(CN)$_6$]$^{3-}$，如何解释此现象？

（牟元华）

实验 3.7　酸碱平衡与沉淀溶解平衡（3h）

一、实验目的

1. 了解弱酸、弱碱解离平衡及影响平衡移动的因素。

2. 了解缓冲溶液的性质。

3. 试验沉淀生成的条件、溶解及转化条件。

二、实验原理

1. 水溶液中可溶电解质的酸、碱性

酸碱质子理论认为：凡能给出质子的物质是酸，凡能接受质子的物质是碱。酸和碱均既可以是中性分子，也可以是带正、负电荷的离子。酸和碱在水溶液中的解离平衡可分别用下列通式表示（一元酸碱为例）：

$$HA(aq) + H_2O(l) \Longleftrightarrow H_3O^+(aq) + A^-(aq)$$

$$A^-(aq) + H_2O(aq) \Longleftrightarrow HA(aq) + OH^-(aq)$$

酸、碱溶液的 pH，既可以根据给定条件进行计算，也可以利用 pH 试纸或 pH 计等进行测量。

2. 缓冲溶液与 pH 的控制

在一定条件下，具有保持 pH 相对稳定性能的溶液，叫缓冲溶液。缓冲溶液能在一定程度上抵抗外来酸、碱或稀释的影响，即当加入少量酸、碱或稍加稀释时，混合溶液的 pH 基本保持不变。缓冲溶液一般由具有同离子效应的弱酸及其共轭碱或弱碱及其共轭酸组成，而且系统中共轭酸碱对的浓度都比较大。

例如，酸性缓冲溶液的 pH 计算公式为：

$$pH = pK_a - \lg(c_a/c_b)$$

式中，c_a、c_b 分别为共轭酸和共轭碱的浓度；K_a 为共轭酸的解离常数。

从上式可以看出：若在缓冲溶液中加入少量酸、碱或加去离子水稀释时，c_a 和 c_b 均会略有变化，但由于共轭酸碱对的浓度都比较大，所以其比值可以基本保持不变，因而可以维持 pH 的稳定性。

3. 水溶液中单相离子平衡及其移动

对于酸或碱的解离平衡，根据反应商判据：

$$J < K_a （或 K_b），反应正向进行，即酸、碱解离$$

$$J = K_a （或 K_b），平衡状态$$

$$J > K_a （或 K_b），反应逆向进行，即酸、碱生成$$

（1）若增加生成物的浓度，或减小反应物的浓度，则 $J > K$，平衡向生成酸或碱的方向移动，即酸或碱的解离度减小。

（2）若减小生成物的浓度，或是增大反应物的浓度，则 $J < K$，平衡向酸或碱解离的方向移动。减小生成物浓度的方法主要是形成难溶电解质、气体或更难解离的酸、碱等。

4. 难溶电解质的多相离子平衡及其移动

在难溶电解质的饱和溶液中，未溶解的固体与溶解后形成的离子之间存在着多相离子平衡。例如，在过量 $PbCl_2$ 存在的饱和溶液中，有下列溶解平衡：

$$PbCl_2(s) \Longleftrightarrow Pb^{2+}(aq) + 2Cl^-(aq)$$

$$K_{sp}(PbCl_2) \Longleftrightarrow c(Pb^{2+})c(Cl^-)^2$$

同理，根据反应商判据：

$$J < K_{sp}，不发生沉淀反应，或沉淀溶解$$

$$J > K_{sp}，发生沉淀反应，或沉淀不溶解$$

（1）同离子效应可使 $J > K_{sp}$，导致溶解平衡向生成沉淀的方向移动，即减小了难溶电解质的溶解度。

（2）若减小难溶电解质离子的浓度，则 $J < K_{sp}$，溶解平衡向沉淀溶解的方向移动，因而可通过减小离子浓度的方法，使难溶电解质溶解。

（3）若溶液中同时存在多种离子，当加入沉淀剂时，哪种离子的溶度积首先得到满足，就先析出，这种先后沉淀的现象叫做分步沉淀。

（4）使一种难溶电解质转化成另一种更难溶电解质的反应常称为沉淀的转化。对于同类难溶电解质，沉淀在转化时向生成 K_{sp} 值较小的难溶电解质的方向进行；对于不同类型的难溶电解质（如 AgCl 和 Ag_2CrO_4），K_{sp} 值的大小与溶解度大小不一定同步，而沉淀的转化总是向溶解度较小的难溶电解质的方向进行。

三、仪器和试剂

仪器：pH 计，普通试管，离心试管，电动离心机，烧杯。

试剂：$NH_3 \cdot H_2O$，固体 NaAc，固体 NH_4Cl，酚酞指示剂，甲基橙指示剂，0.1mol·dm^{-3} HAc，2mol·dm^{-3} HAc，0.1mol·dm^{-3} HCl，2mol·dm^{-3} HCl，0.1mol·dm^{-3} NaAc，0.1mol·dm^{-3} NaOH，2mol·dm^{-3} NaOH，0.2mol·dm^{-3} $FeCl_3$，0.2mol·dm^{-3} $SbCl_3$，0.1mol·dm^{-3} NaCl，0.2mol·dm^{-3} NaCl，0.2mol·dm^{-3} $MgCl_2$，0.2mol·dm^{-3} $BaCl_2$，0.1mol·dm^{-3} $AgNO_3$，2mol·dm^{-3} $NH_3 \cdot H_2O$，6mol·dm^{-3} NH_4Ac，0.2mol·dm^{-3} Na_2CO_3，0.2mol·dm^{-3} K_2CrO_4，0.2mol·dm^{-3} Na_2SO_4，6mol·dm^{-3} HNO_3。

四、实验内容

1. 同离子效应

用 0.1mol·dm^{-3} HAc 和 $NH_3 \cdot H_2O$、固体 NaAc 和固体 NH_4Cl，酚酞指示剂和甲基橙指示剂，设计两个能说明同离子效应的实验。

2. 缓冲溶液的配制与性质

（1）取 $30cm^3$ 蒸馏水于小烧杯中，用 pH 计测定 pH。往蒸馏水中加 2 滴 0.1mol·dm^{-3} HCl 溶液，搅匀后再测定它的 pH，变化了多少？

（2）用 0.1mol·dm^{-3} HAc 和 0.1mol·dm^{-3} NaAc 溶液配制 pH 为 4.7 的缓冲溶液 $60cm^3$，测定它的实际 pH。将缓冲溶液分为两份，第一份加入 2 滴 0.1mol·dm^{-3} NaOH 溶液，混合均匀后测定它的 pH。往第二份缓冲溶液中加 2 滴 0.1mol·dm^{-3} HCl 溶液，测定其 pH。再加入 $10cm^3$ 0.1mol·dm^{-3} HCl 溶液，混匀后测定其 pH 是多少？

通过上述实验（1）、（2），总结缓冲溶液的性质。

3. 盐类的水解平衡及其影响因素

（1）把几滴 $FeCl_3$ 溶液分别放在含有冷水和热水的试管中，观察溶液颜色，说明原因。

（2）取几滴 0.2mol·dm^{-3} $SbCl_3$ 溶液于试管中，加水稀释，观察沉淀的生成，往沉淀中滴加 2mol·dm^{-3} HCl 溶液至沉淀刚好消失，再加水稀释，观察沉淀重又出现。结合反应方程式加以解释。

4. 沉淀的生成和溶解

（1）往离心试管中加入 5 滴 0.1mol·dm^{-3} NaCl 溶液，逐滴滴入 0.1mol·dm^{-3} $AgNO_3$ 溶液，待反应完全后，将沉淀离心分离，在沉淀上加数滴 2mol·dm^{-3} $NH_3 \cdot H_2O$ 溶液，观察现象，请结合反应方程式解释实验现象。

（2）用 2mol·dm^{-3} NaOH 溶液分别与 $MgCl_2$、$FeCl_3$ 溶液作用，制得沉淀量相近的 $Mg(OH)_2$、$Fe(OH)_3$，离心分离，弃去清液，往 $Mg(OH)_2$ 沉淀中滴加 6mol·dm^{-3} NH_4Ac 溶液至沉淀溶解，再往 $Fe(OH)_3$ 沉淀中加入同量的 NH_4Ac 溶液，观察沉淀是否溶解？从平衡移动的原理解释实验现象。

（3）在 3 支离心试管中分别加入 2 滴 $0.5mol \cdot dm^{-3}$ Na_2CO_3 溶液、K_2CrO_4 溶液、Na_2SO_4 溶液，各加 2 滴 $0.5mol \cdot dm^{-3}$ $BaCl_2$ 溶液，观察 $BaCO_3$、$BaCrO_4$、$BaSO_4$ 沉淀的生成；试验沉淀能否溶于 $2mol \cdot dm^{-3}$ HAc 溶液中，将不溶者离心分离，弃去溶液，试验沉淀在 $2mol \cdot dm^{-3}$ HCl 溶液中的溶解情况并加以解释。

总结沉淀生成和溶解的条件。

5. 沉淀的转化和分步沉淀

（1）取两支离心试管，分别滴加几滴 $0.5mol \cdot dm^{-3}$ K_2CrO_4 溶液、NaCl 溶液，均滴入 2 滴 $0.1mol \cdot dm^{-3}$ $AgNO_3$ 溶液，观察 Ag_2CrO_4 和 AgCl 沉淀的生成和颜色。离心，弃去清液，往 Ag_2CrO_4 沉淀中加入 $0.5mol \cdot dm^{-3}$ NaCl 溶液，往 AgCl 沉淀中加入 $0.5mol \cdot dm^{-3}$ K_2CrO_4 溶液，充分搅动，哪种沉淀的颜色发生变化？实验说明 Ag_2CrO_4、AgCl 中何者溶解度较小？

（2）往试管中加入 2 滴 $0.5mol \cdot dm^{-3}$ NaCl 溶液和 $0.5mol \cdot dm^{-3}$ K_2CrO_4 溶液，混合均匀后，逐滴加入 $0.1mol \cdot dm^{-3}$ $AgNO_3$ 溶液，并随即摇荡试管，观察沉淀的出现与颜色的变化。最后得到的外观为砖红色的沉淀中有无 AgCl 沉淀？用实验证实你的想法（提示：可往沉淀中加 $6mol \cdot dm^{-3}$ HNO_3，使其中的 Ag_2CrO_4 溶解后观察之）。

用溶度积规则解释实验现象，并总结沉淀转化条件。

五、思考题

1. 将 Na_2CO_3 溶液与 $AlCl_3$ 溶液作用，产物是什么？写出反应方程式。

2. 使用电动离心机应该注意哪些事项？

3. 是否一定要在碱性条件下才能生成氢氧化物沉淀？不同浓度的金属离子溶液，开始生成氢氧化物沉淀时，溶液的 pH 是否相同？

4. 计算下列反应的平衡常数：

（1）$Mg(OH)_2 + 2NH_4^+ \rightleftharpoons Mg^{2+} + 2NH_3 \cdot H_2O$

（2）$Fe(OH)_3 + 3NH_4^+ \rightleftharpoons Fe^{3+} + 3NH_3 \cdot H_2O$

（3）$Ag_2CrO_4 + 2Cl^- \rightleftharpoons 2AgCl + CrO_4^{2-}$

（4）$2AgCl + CrO_4^{2-} \rightleftharpoons Ag_2CrO_4 + 2Cl^-$

比较 4 个平衡常数的大小，可得出什么结论？与你的实验结果是否一致？

（柳军）

实验 3.8　化学反应速率和活化能 （3h）

一、实验目的

1. 了解浓度、温度和催化剂对反应速率的影响。

2. 测定过二硫酸铵与碘化钾反应的反应速率。

3. 学会计算反应级数、反应速率常数和反应的活化能。

二、实验原理

在水溶液中 $S_2O_8^{2-}$ 与 I^- 发生如下反应：

$$S_2O_8^{2-} + 3I^- \longrightarrow 2SO_4^{2-} + I_3^- \tag{1}$$

反应的速率方程可表示为：

$$v = k \cdot c^m(S_2O_8^{2-}) \cdot c^n(I^-)$$

式中，v 是反应速率；k 是速率常数；$c(S_2O_8^{2-})$、$c(I^-)$ 是即时浓度；m、n 之和为反应级数。

通过实验能测定单位时间内反应的平均速率，如果在一定时间 Δt 内 $S_2O_8^{2-}$ 浓度的改变量为 $\Delta c(S_2O_8^{2-})$，则平均速率表示为：

$$v_{\Psi} = -\frac{\Delta c(S_2O_8^{2-})}{\Delta t}$$

当 $\Delta t \to 0$ 时，$v = \lim v_{\Psi}$ 则有：

$$v = k \cdot c^m(S_2O_8^{2-})c^n(I^-) = -\frac{\Delta c(S_2O_8^{2-})}{\Delta t}$$

为了测定在一定时间 Δt 内 $S_2O_8^{2-}$ 浓度的改变量，在将 $S_2O_8^{2-}$ 与 I^- 混合的同时，加入定量的 $Na_2S_2O_3$ 溶液和淀粉指示剂。这样在反应（1）进行的同时，也进行如下的反应：

$$2S_2O_3^{2-} + I_3^- = S_4O_6^{2-} + 3I^- \tag{2}$$

反应（2）进行得很快，瞬间即可完成。而反应（1）却要比反应（2）慢得多。由反应（1）生成的 I_3^- 立即与 $S_2O_3^{2-}$ 反应，生成无色的 $S_4O_6^{2-}$ 和 I^-。因此，在反应刚开始的一段时间内看不到 I_3^- 与淀粉所呈现的特有蓝色。当 $S_2O_3^{2-}$ 耗尽时，由反应（1）继续生成的 I_3^- 很快与淀粉作用而呈现蓝色。

由反应式（1）和（2）可以看出，$S_2O_8^{2-}$ 浓度减少量等于 $S_2O_3^{2-}$ 浓度减少量的 1/2。

由于溶液呈现蓝色标志着 $S_2O_3^{2-}$ 全部耗尽。所以，从反应开始到出现蓝色这段时间 Δt 内，$S_2O_3^{2-}$ 浓度的改变实际上就是 $S_2O_3^{2-}$ 的初始浓度。

$$\Delta c(S_2O_8^{2-}) = \frac{1}{2}\Delta c(S_2O_3^{2-}) = -\frac{1}{2}c_0(S_2O_3^{2-})$$

由于每份混合液中 $S_2O_3^{2-}$ 的初始浓度都相同，因此 $\Delta c(S_2O_8^{2-})$ 也都是相同的。这样，只要记下从反应开始到溶液刚呈现蓝色所需的时间 Δt，就可以求出初反应速率。

利用求得的反应速率，可计算出速率常数 k 和反应级数 m、n，确定速率方程。

三、仪器和试剂

仪器：秒表，温度计（0～100℃），10cm³ 烧杯，量筒，试管，玻璃棒，酒精灯，三角架，石棉网。

试剂：$K_2S_2O_8$（0.050mol·dm⁻³），KI（0.40mol·dm⁻³），KNO_3（0.40mol·dm⁻³），$Na_2S_2O_3$（0.0050mol·dm⁻³），K_2SO_4（0.050mol·dm⁻³），$Cu(NO_3)_2$（0.020mol·dm⁻³），淀粉（0.2%）。

四、实验内容

1. 浓度对化学反应速率的影响

在室温下，按表 3-5 所示剂量用专用移液管把一定量的 KI、$Na_2S_2O_3$、KNO_3、K_2SO_4 和淀粉溶液加入已编号的 10cm³ 烧杯中，搅拌均匀，然后用装有 $K_2S_2O_8$ 溶液的加液器，将一定量的 $K_2S_2O_8$ 溶液迅速加到已搅拌均匀的溶液中，同时启动秒表并不断搅拌，待溶液一出现蓝颜色时，立即按停秒表并记录时间于表 3-5 中。

2. 温度对化学反应速率的影响

（1）用专用移液管按表 3-5 中 5 号的剂量把一定量的 KI、$Na_2S_2O_3$、KNO_3、K_2SO_4 和淀粉溶液加入到一个 10cm³ 的烧杯中，混合均匀，再用定量加液器将 2.0cm³ 0.0500mol·dm⁻³ 的 $K_2S_2O_8$ 溶液加入另一个 10cm³ 烧杯中，然后将两个烧杯同时置于恒温水浴中，待温度固定于某一稳定值，记下温度，然后将混合溶液迅速加到 $K_2S_2O_8$ 溶液中，

表 3-5 浓度对化学反应速率的影响 室温_____℃

容 器 编 号		1	2	3	4	5
试剂用量/cm³	0.050mol·dm⁻³ K₂S₂O₈	1.0	1.5	2.0	2.0	2.0
	0.40mol·dm⁻³ KI	2.0	2.0	2.0	1.5	1.0
	0.0050mol·dm⁻³ Na₂S₂O₃	0.6	0.6	0.6	0.6	0.6
	0.2%淀粉溶液	0.4	0.4	0.4	0.4	0.4
	0.40mol·dm⁻³ KNO₃	0	0	0	0.5	1.0
	0.050mol·dm⁻³ K₂SO₄	1.0	0.5	0	0	0
反应时间/s						

同时启动秒表并不断搅拌溶液，待溶液出现蓝色时，按停秒表并记录时间。

（2）在 40℃以下，再选择 3 个合适的温度点（相邻温度差在 10℃左右），同上述（1）的操作进行实验，记录每次实验的温度与反应时间于表 3-6。

表 3-6 温度对化学反应速率的影响

容器编号	6	7	8	9
反应温度/℃				
反应时间/s				

3. 催化剂对化学反应速率的影响

按表 3-5 中任一编号的试剂用量，先往 KI、Na₂S₂O₃、KNO₃、K₂SO₄、淀粉混合液中滴加 2 滴 0.02mol·dm⁻³ 的 Cu(NO₃)₂，搅匀后再迅速加入相应量的 K₂S₂O₈ 试液，记录反应时间。与表 3-5 中相应编号的反应时间相比可得到什么结论？

五、实验数据的记录与处理

1. 求反应级数和速率常数

计算表 3-7 中编号 1～5 的各个实验的平均反应速率，并将相应数据填入表 3-7。

I⁻ 浓度不变时，用实验 1、2、3 的 v 及 $c(S_2O_8^{2-})$ 数据，以 $\lg v$ 对 $\lg c(S_2O_8^{2-})$ 作图，直线的斜率即为 m，同理，以实验 3、4、5 的 $\lg v$ 对 $\lg c(I^-)$ 作图，求出 n。

根据速率方程 $v=kc^m(S_2O_8^{2-})c^n(I^-)$，求出 v 及 m、n 后，算出相应的 k。

表 3-7 计算各个实验的平均反应速率

实验编号		1	2	3	4	5
5.0cm³混合物中反应物的起始浓度/mol·dm⁻³	K₂S₂O₈					
	KI					
	Na₂S₂O₃					
反应时间 Δt/s						
$v=c(Na_2S_2O_3)/2\Delta t$						
$\lg v$						
$\lg c(S_2O_8^{2-})$						
$\lg c(I^-)$						
m						
n						
$k=v/c^m(S_2O_8^{2-})c^n(I^-)$						

2. 求活化能

计算编号 6～9 四个不同温度实验的平均反应速率及速率常数 k，然后以 $\ln k$ 为纵坐标，$1/T$ 为横坐标作图。所得直线的斜率为 $-E_a/R$，进而求得 E_a。将有关数据填入表 3-8 中。

表 3-8　计算活化能

实验编号	6	7	8	9
反应温度/K				
反应时间/s				
反应速率(v)				
速率常数(k)				
$\lg k$				
$1/T$				
活化能 $E_a/\text{kJ} \cdot \text{mol}^{-1}$				

注：6～9 号混合液中反应物的起始浓度与 5 号同。

六、思考题

1. 实验中为什么可以由反应溶液出现蓝色时间的长短来计算反应速率？反应溶液出现蓝色后，$S_2O_8^{2-}$ 与 I^- 的反应是否就终止了？

2. 若不用 $S_2O_8^{2-}$ 而用 I^- 的浓度变化来表示反应速率，反应速率常数是否一样？具体说明。

3. 下述情况对实验有何影响？

（1）移液管混用。

（2）先加 $K_2S_2O_8$ 溶液，最后加 KI 溶液。

（3）往 KI 等混合液中加 $K_2S_2O_8$ 溶液时，不是迅速而是慢慢加入。

（4）在测试温度对反应速率的影响时，加入 $K_2S_2O_8$ 后将盛反应溶液的容器移到恒温水浴之外。

（牟元华）

实验 3.9　化学反应摩尔焓变的测定（2h）

一、实验目的

1. 了解测定化学反应摩尔焓变的原理和方法。

2. 熟练掌握精密温度计、磁力搅拌器的正确使用。

二、实验原理

通常化学反应是在等压条件下进行的，此时化学反应的热效应叫做等压热效应 Q_p。在化学热力学中，则是用反应体系的焓变 $\Delta_r H$ 来表示。在标准状态下（通常规定 100kPa 为标准态压力，记为 $p^{\ominus}$。把体系中各固体、液体物质处于 $p^{\ominus}$ 下的纯物质，气体则在 $p^{\ominus}$ 下表现出理想气体性质的纯气体状态称为热力学标准态）化学反应的焓变称为化学反应的标准焓变，用 $\Delta_r H^{\ominus}$ 表示，下标 "r" 表示一般的化学反应，上标 "$\ominus$" 表示标准状态。在实际工作中，许多重要的数据都是在 298.15K 下测定的，通常用 298.15K 下的化学反应的焓变，记为 $\Delta_r H^{\ominus}(298.15K)$。

本实验是测定固体物质锌粉和硫酸铜溶液中的铜离子发生置换反应的化学反应焓变：

$$Zn(s)+CuSO_4(aq)=\!\!=\!\!=ZnSO_4(aq)+Cu(s)$$

$$\Delta_r H_m^\ominus(298.15K)=-217kJ\cdot mol^{-1}$$

这个热化学方程式表示：在标准状态，298.15K 时，发生了一个单位的反应，即 1mol 的 Zn 与 1mol 的 $CuSO_4$ 发生置换反应生成 1mol 的 $ZnSO_4$ 和 1mol 的 Cu，此时的化学反应焓变 $\Delta_r H_m^\ominus(298.15K)$ 称为 298.15K 时的标准摩尔焓变，其单位为 $kJ\cdot mol^{-1}$。

测定化学反应热效应的仪器称为量热计。对于一般溶液反应的摩尔焓变，可用图 3-7 所示的"保温杯式"量热计来测定。

在实验中，若忽略量热计的热容，则可根据已知溶液的比热容、溶液的密度和浓度、实验中所取溶液的体积与反应过程中（反应前和反应后）溶液的温度变化，求得上述化学反应的摩尔焓变。其计算公式如下：

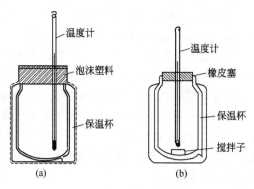

图 3-7　简易量热计示意图

$$\Delta_r H_m[(273.15+t)K]=-\Delta T\cdot c\cdot\rho\cdot V\cdot\frac{1}{\Delta\xi}\cdot\frac{1}{1000}$$

式中　$\Delta_r H_m$——实验温度 $(273.15+t)K$ 时的化学反应摩尔焓变，$kJ\cdot mol^{-1}$；

ΔT——反应前后溶液温度的变化，K；

c——$CuSO_4$ 溶液的比热容，$J\cdot g^{-1}\cdot K^{-1}$；

ρ——$CuSO_4$ 溶液的密度，$g\cdot cm^{-3}$；

V——$CuSO_4$ 溶液的体积，cm^3；

$\Delta\xi$——反应进度变，$\Delta\xi=\Delta n(CuSO_4)/\nu(CuSO_4)$，mol。

三、仪器和试剂

仪器：台天平，量热计，精密温度计（$-5\sim+50℃$，0.1℃ 刻度），移液管（$50cm^3$），洗耳球，移液管架，磁力搅拌器，称量纸。

试剂：$0.2000mol\cdot dm^{-3}$ $CuSO_4$ 溶液，Zn 粉（A.R.）。

注：$0.2000mol\cdot dm^{-3}$ $CuSO_4$ 溶液的配制与标定如下。

① 取比所需量稍多的分析纯级 $CuSO_4\cdot5H_2O$ 晶体于一干净的研钵中研细后，倒入称量瓶或蒸发皿中，再放入电热恒温干燥箱中，在低于 60℃ 的温度下烘 $1\sim2h$，取出，冷至室温，放入干燥器中备用。

② 在分析天平上准确称取研细、烘干的 $CuSO_4\cdot5H_2O$ 晶体 49.936g 于一只 $250cm^3$ 的烧杯中，加入约 $150cm^3$ 的去离子水，用玻璃棒搅拌使其完全溶解，再将该溶液倾入 $1000cm^3$ 容量瓶中，用去离子水将玻璃棒及烧杯漂洗 $2\sim3$ 次，洗涤液全部注入容量瓶中，最后用去离子水稀释到刻度，摇匀。

③ 取该 $CuSO_4$ 溶液 $25.00cm^3$ 于 $250cm^3$ 锥形瓶中，将 pH 调到 5.0，加入 $10cm^3$ pH=10.0 的 $NH_3\cdot H_2O$-NH_4Cl 缓冲溶液，加入 $8\sim10$ 滴 PAR 指示剂❶，$4\sim5$ 滴亚甲基蓝指示

---

❶　PAR 指示剂，化学名称为 4-(2-吡啶偶氮) 间苯二酚，结构式为：

剂，摇匀，立即用 EDTA 标准溶液滴定到溶液由紫红色转为黄绿色时为止。

四、实验内容

用 $50cm^3$ 移液管准确移取 $200.00cm^3$ $0.2000mol \cdot dm^{-3}$ $CuSO_4$ 溶液，注入已经洗净擦干的量热计中，盖紧盖子，在盖子中央插有一支最小刻度为 $0.1℃$ 的精密温度计。

双手扶正，握稳量热计的外壳，不断摇动或旋转搅拌子（转速一般为 $200 \sim 300r \cdot min^{-1}$），每隔 $0.5min$ 记录一次温度数值，直至量热计内 $CuSO_4$ 溶液与量热计温度达到平衡且温度计指示的数值保持不变为止（一般约需 $3min$）。

用台天平称取 Zn 粉 $3.5g$。启开量热计的盖子，迅速向 $CuSO_4$ 溶液中加入称量好的 Zn 粉 $3.5g$，立即盖紧量热计盖子，不断摇动量热计或旋转搅拌子，同时每隔 $0.5min$ 记录一次温度数值，一直到温度上升至最高位置，仍继续进行测定直到温度下降或不变后，再测定记录 $3min$ 方可终止。

倾出量热计中反应后的溶液时，若用磁力搅拌器，小心不要将所用的搅拌子丢失。

五、实验数据记录及处理

1. 反应时间与温度的变化（每 $0.5min$ 记录一次）

室温 $t=$ _____ ℃；$CuSO_4$ 溶液的浓度 $c(CuSO_4)=$ _____ $mol \cdot dm^{-3}$；$CuSO_4$ 溶液的密度 $\rho(CuSO_4)=$ _____ $g \cdot dm^{-3}$；$CuSO_4$ 溶液的比热容 $c=4.18J \cdot g^{-1} \cdot K^{-1}$。

反应进行的时间 t/min	
温度计指示值 $t/℃$	
温度 $T/(273.15+t)K$	

2. 作图求 ΔT

由于量热计并非严格绝热，在实验时间内，量热计不可避免地会与环境发生少量热交换。用作图推算的方法（见图 3-8），可适当地消除这一影响。

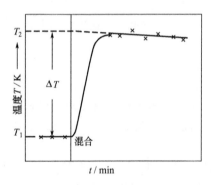

图 3-8　反应时间、温度变化的关系

3. 实验误差的计算及误差产生原因的分析。

六、思考题

1. 为什么本实验所用的 $CuSO_4$ 溶液的浓度和体积必须准确，而实验中所用的 Zn 粉则用台天平称量？

2. 在计算化学反应焓变时，温度变化 ΔT 的数值，为什么不采用反应前（$CuSO_4$ 溶液与 Zn 粉混合前）的平衡温度值与反应后（$CuSO_4$ 溶液与 Zn 粉混合后）的最高温度值之差，而必须采用 t-T 曲线外推法得到的 ΔT 值？

3. 本实验中对所用的量热计、温度计有什么要求？是否允许反应器内有残留的洗液或水？为什么？

（王孝华）

实验 3.10　水样的电导率测定（1h）

一、实验目的

学习电导率仪的使用方法并测定各种水样的电导率。

二、实验原理

由于水中常溶有无机盐离子，并存在微弱的电离，所以水是一种电解质溶液，具有导电现象，离子浓度越大，导电能力越强。

导体导电能力的大小，一般用电阻 R 或电导 G 表示，二者互为倒数，即

$$G = 1/R \tag{1}$$

电阻的 SI 单位为欧姆，符号为 Ω；电导的 SI 单位为西门子，符号为 S。

在温度一定时，两极间溶液的电阻与两极间的距离 l 成正比，与电极面积 A 成反比，即

$$R \propto l/A$$

或

$$R = \rho l/A \tag{2}$$

比例常数 ρ 称为电阻率，SI 单位为欧·米，符号为 $\Omega \cdot m$。电阻率的倒数，称为电导率 κ

$$1/\rho = \kappa \tag{3}$$

电导率的 SI 单位为西门子·米$^{-1}$，$S \cdot m^{-1}$；常用单位微西门子·厘米$^{-1}$，$\mu S \cdot cm^{-1}$。

将式（2）、式（3）代入式（1）得

$$G = \kappa A/l$$

$$\kappa = Gl/A \tag{4}$$

由式（4）可知，当 $l/A = 1$ 时，$\kappa = G$，所以 κ 在数值上等于相距为 1 单位长度和大小为 1 单位面积的两个电极间的溶液的电导。

水中含盐量越高导电性越好，电导率越大；反之，水的纯度越高，电导率越小。各种水样的电导率如下：

水　　样	自　来　水	蒸　馏　水	去　离　子　水	高　纯　水
电导率 κ/$S \cdot m^{-1}$	$(0.5 \sim 5) \times 10^{-2}$	10^{-3}	10^{-4}	5.5×10^{-6}

三、仪器和试剂

电导率仪，烧杯（50cm^3），电导电极，各种水样（自来水、蒸馏水、去离子水、高纯水）。

四、实验内容

取 3 只小烧杯，各取自来水、去离子水（蒸馏水）、高纯水 50cm^3 于烧杯内，取样前应用待测水样将烧杯清洗 2～3 次。用电导率仪依次测出它们的电导率，记录数据。电导率仪的使用参见 2.9（2）电导率仪及使用方法。

水　　样	自　来　水	去离子水(蒸馏水)	高纯水
κ/$\mu S \cdot cm^{-1}$			
κ/$S \cdot m^{-1}$			

注：$1 S \cdot m^{-1} = 10^4 \mu S \cdot cm^{-1}$。

五、注意事项

测定任意水样的电导率前，要用该水样清洗电极。

六、思考题

1. 用电导率仪测定水纯度的根据是什么？
2. 下列情况对测定电导率有何影响？
（1）测定电导率时电导电极上的铂片未全部浸入待测水样。
（2）测定电导率时烧杯或电导电极洗涤不干净。

（王孝华）

实验 3.11　氧化还原反应与电化学（3h）

一、实验目的

1. 了解原电池的组成及其电动势的测定。
2. 应用电极电势的相对大小判断物质氧化还原能力的相对强弱。
3. 了解测定电极电势的方法及影响电极电势的因素。
4. 了解金属腐蚀的基本原理及防止的方法。

二、实验原理

电极电势的相对大小可以定量地衡量氧化态或还原态物质在水溶液中的氧化或还原能力的相对强弱。电对的电极电势代数值越大，氧化态物质的氧化能力越强，对应的还原态物质的还原能力越弱；反之亦然。水溶液中自发进行的氧化还原反应的方向可由电极电势数值加以判断。在自发进行的氧化还原反应中，氧化剂电对的电极电势代数值应大于还原剂电对的电极电势代数值。

Nernst 方程式反映了电极反应中离子浓度与电极电势的关系：

$$\varphi_{电极} = \varphi_{电极}^{\ominus} + \frac{RT}{zF} \ln \frac{c(氧化态)/c^{\ominus}}{c(还原态)/c^{\ominus}}$$

当 $T = 298.15K$ 时，将 R，F 值代入上式，Nernst 公式可写成：

$$\varphi_{电极} = \varphi_{电极}^{\ominus} + \frac{0.0592}{z} \lg \frac{c(氧化态)/c^{\ominus}}{c(还原态)/c^{\ominus}}$$

原电池由正、负极组成，其电动势 E 值大小与组成原电池正极的电极电势 φ_+ 值和负极的电极电势 φ_- 值大小有关：$E = \varphi_+ - \varphi_-$。

原电池电动势 E 可用实验手段测量。本实验采用酸度计（由于酸度计的内阻极大，测量时回路中电流强度极小，原电池的内压降近似为零，测得的外电压降就可近似地作为原电池的电动势）测量原电池电动势。该仪器的使用方法请参阅 2.10.2 酸度计的使用方法。

金属腐蚀主要有两种情况：化学腐蚀和电化学腐蚀。金属因与介质接触发生化学反应而引起的腐蚀称为化学腐蚀；金属因形成原电池发生电化学作用而引起的腐蚀称为电化学腐蚀。化学反应引起的破坏一般只在金属表面，而电化学作用引起的破坏不仅在金属表面，还可以在金属内部发生，因此电化学腐蚀对金属的危害更大。防止金属被腐蚀的方法之一是使金属与介质隔开。例如，在金属表面涂漆，镀上耐腐蚀性能良好的金属或合金，使金属表面形成一层致密的氧化膜或磷化膜等。电化学防腐法（如阴极保护法）和缓蚀剂法（在腐蚀介质中加入能防止或延缓腐蚀过程的物质），也是常用的防腐蚀方法。

三、仪器和试剂

仪器：离心试管，酸度计，锌电极（锌片），铜电极（铜片），甘汞电极，盐桥，烧杯（$50cm^3$），滴管，玻璃棒，表面皿，带夹的导线。

试剂：HCl（$0.1mol \cdot dm^{-3}$），$NH_3 \cdot H_2O$（$6mol \cdot dm^{-3}$），$CuSO_4$（$0.1mol \cdot dm^{-3}$），$ZnSO_4$（$0.1mol \cdot dm^{-3}$），酚酞（1%），$NaCl$（$1mol \cdot dm^{-3}$），$K_3[Fe(CN)_6]$（$0.1mol \cdot dm^{-3}$），铁钉，小锌片，锯片，铜片，10%六亚甲基四胺溶液，滤纸，pH试纸。

四、实验内容

1. 电极电势的测定及其影响因素

（1）Zn^{2+}/Zn 电极电势的测定

按下列所示装置原电池：

$$Zn\,|\,ZnSO_4(0.1mol\cdot dm^{-3})\,\|\,KCl(饱和)\,|\,Hg_2Cl_2(s)\,|\,Hg(Pt)$$

即将 Zn 片和甘汞电极插入 $ZnSO_4(0.1mol\cdot dm^{-3})$ 溶液中，组成一个 Zn-Hg 原电池，测其电动势，记录测定的数值及实验时的室温 $t℃$，然后计算 Zn^{2+}/Zn 的电极电势。

饱和甘汞电极的电极电势：$\varphi_{甘汞}=0.2410-0.00065(t-25)$

（2）Cu^{2+}/Cu 电极电势的测定

按下列所示装置原电池：

$$Pt\,|\,Hg\,|\,Hg_2Cl_2(s)\,|\,KCl(饱和)\,\|\,CuSO_4(0.1mol\cdot dm^{-3})\,|\,Cu$$

即将 Cu 片和甘汞电极插入 $CuSO_4(0.1mol\cdot dm^{-3})$ 溶液中，组成一个 Hg-Cu 原电池，测其电动势，记录测定的数值及实验时的室温 $t℃$，然后计算 Cu^{2+}/Cu 的电极电势。

（3）浓度对电极电势的影响（在阴极保护实验之后再做）

取出甘汞电极，在 $CuSO_4$ 溶液中缓缓倒入 $NH_3\cdot H_2O(6mol\cdot dm^{-3})$，并不断搅拌至生成的沉淀又溶解生成深蓝色溶液（$Cu+4NH_3=[Cu(NH_3)_4]^{2+}$）为止。测量此时的电动势，并计算此时 Cu^{2+}/Cu 的电极电势。

2. 原电池的电动势测定及电解应用

（1）原电池电动势测定

取 2 只 $50cm^3$ 烧杯，往一只烧杯中加入 $30cm^3$ $ZnSO_4$ 溶液，插入连有导线的锌片，往另一只烧杯中加入 $30cm^3$ $CuSO_4$ 溶液，插入连有铜导线的铜片，用盐桥把 2 只烧杯中的溶液连通，即组成了原电池。

按下列所示装置原电池：

$$Zn\,|\,ZnSO_4(0.1mol\cdot dm^{-3})\,\|\,CuSO_4(0.1mol\cdot dm^{-3})\,|\,Cu$$

用酸度计测定其电动势，共测两次，分别记录数据，取其平均值为 Cu-Zn 原电池的电动势值。

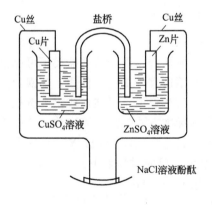

图 3-9　原电池及其检验装置

（2）电解 NaCl 水溶液

取一张滤纸放在表面皿上并以 NaCl 溶液润之，再加入 1 滴酚酞指示剂。将上述原电池两极上的铜导线的两端隔开一段距离并均与滤纸接触（如图 3-9 所示）。数分钟后，观察滤纸上导线接触点附近颜色的变化。

试写出电解池两电极上的反应，并说明导线接触点附近颜色变化的原因（该电池保留，用于做阴极保护实验）。

3. 金属腐蚀与防护

（1）腐蚀原电池的形成

取纯锌一小块，放入装有 $2\sim3cm^3$ $0.1mol\cdot dm^{-3}$ HCl 溶液的试管中，观察现象。再取一根铜丝插入试管内与锌块接触，观察现象（注意气泡发生的地方）。写出反应式并加以解释。

（2）差异充气腐蚀

向用砂纸磨光的铁片上滴 $1\sim2$ 滴自己配制的溶液（$1cm^3$ NaCl、2 滴 $K_3[Fe(CN)_6]$、2 滴 1%酚酞溶液），观察现象，静置约 $3\sim5min$ 后再仔细观察液滴不同部位所产生的颜色，为什么？写出有关反应式。

（3）金属腐蚀的防护

① 缓蚀剂法　在 2 支试管中加入 2cm³ HCl 溶液，并各加入 2 滴 K₃[Fe(CN)₆] 溶液，再向其中一试管中加入 10 滴六亚甲基四胺溶液，另一试管中加入 10 滴水（使两试管中 HCl 浓度相同）。选表面积约相等的两枚小铁钉，用水洗净后同时投入上述两试管中，静置一段时间后观察现象，并比较两试管中蓝色出现的快慢与深浅。

② 阴极保护法　将一条滤纸片放置于表面皿上，并用自己配制的腐蚀液润湿。将两枚铁钉隔开一段距离放置于润湿的滤纸片上，并分别与 Cu-Zn 原电池正负极相连。静置一段时间后，观察有何现象并加以解释。

五、思考题

1. 如何确定原电池的正负极？Cu-Zn 原电池的两溶液间为什么必须加盐桥？

2. 为什么含杂质的金属较纯金属易被腐蚀？简述防止金属腐蚀的一般原理？

（王孝华）

实验 3.12　水样硬度测定（2h）

一、实验目的

1. 了解水样硬度的表示方法及测定原理。

2. 掌握配合滴定法测定的原理和方法。

二、实验原理

水中所含 Ca^{2+}、Mg^{2+} 的总浓度称为水的总硬度，简称硬度。由镁离子形成的硬度称为"镁硬度"，由钙离子形成的硬度称为"钙硬度"。世界各国表示水硬度的方法不尽相同。我国采用 $mmol \cdot dm^{-3}$ 或 $mg \cdot dm^{-3}$（以 $CaCO_3$ 计）为单位表示水的硬度。

硬度有暂时硬度和永久硬度之分。暂时硬度是指水中含有的钙、镁的酸式碳酸盐。暂时硬度受热生成碳酸盐沉淀而除去。反应如下：

$$Ca(HCO_3)_2 \xrightarrow{\triangle} CaCO_3 \downarrow + H_2O + CO_2 \uparrow$$

$$Mg(HCO_3)_2 \xrightarrow{\triangle} MgCO_3 \downarrow + H_2O + CO_2 \uparrow$$

永久硬度是指水中含有的钙、镁的硫酸盐、氯化物、硝酸盐等。由于这些盐类不可能借煮沸生成沉淀而除去，因此习惯上把它叫做永久硬度。硬水不适宜于工业上使用，如锅炉里用了硬水，经长期烧煮后，会生成锅垢，既浪费燃料，又易阻塞管道，可能造成重大事故。

水的硬度是饮用水、工业水指标之一，测定水样硬度的标准方法是配位滴定法。总硬度测定以铬黑 T（HIn^{2-}）为指示剂，控制溶液的酸度为 $pH \approx 10$，以 EDTA（H_2Y^{2-}）标准溶液滴定之。由 EDTA 溶液的浓度和用量，可算出水的总硬度。反应过程如下：

$$Ca^{2+}(Mg^{2+}) + HIn^{2-} \Longrightarrow CaIn^-(MgIn^-) + H^+$$
蓝色　　　　　　　　红色

$$Ca^{2+}(Mg^{2+}) + H_2Y^{2-} \Longrightarrow CaY^{2-}(MgY^{2-}) + 2H^+$$

$$CaIn^-(MgIn^-) + H_2Y^{2-} \Longrightarrow CaY^{2-} + HIn^{2-} + H^+$$
红色　　　　　　　　　　蓝色

钙硬度测定是将水样用 NaOH 溶液调节至 $pH > 12$，此时 Mg^{2+} 完全沉淀为 $Mg(OH)_2$ 沉淀，而 Ca^{2+} 不沉淀。加入钙黄绿素-百里酚酞混合指示剂数滴，则钙黄绿素与 Ca^{2+} 配位形成绿色荧光配合物。用 EDTA 标准溶液滴定，溶液中的游离 Ca^{2+} 与 EDTA 配位。当滴定达到化学计量点时，EDTA 夺取 Ca-钙黄绿素配合物中的 Ca^{2+} 生成 CaY^{2-}，使钙黄绿素游离出来，溶液呈现紫红色，指示滴定终点到达。

根据 EDTA 标准溶液的浓度和用量计算 Ca^{2+} 含量。从测定的 Ca^{2+}、Mg^{2+} 总量中减去 Ca^{2+} 含量，可以得到 Mg^{2+} 的含量。

水的硬度按下式计算：

$$X(\text{mmol·dm}^{-3}) = \frac{c_{\text{EDTA}} V_{\text{EDTA}}}{V_{水样}} \times 1000 \tag{1}$$

$$X(\text{mg·dm}^{-3}) = \frac{c_{\text{EDTA}} V_{\text{EDTA}}}{V_{水样}} \times 1000 \times M_{\text{CaCO}_3}$$

式中　X——水的总硬度；

　M_{CaCO_3}——$CaCO_3$ 的摩尔质量，$g·mol^{-1}$；

　c_{EDTA}——EDTA 标准溶液的浓度，$mol·dm^{-3}$；

　V_{EDTA}——滴定消耗的 EDTA 溶液的体积，cm^3；

　$V_{水样}$——所取水样的体积，cm^3。

钙硬度为：

$$Y(\text{mmol·dm}^{-3}) = \frac{c_{\text{EDTA}} V'_{\text{EDTA}}}{V_{水样}} \times 1000 \tag{2}$$

$$Y(\text{mg·dm}^{-3}) = \frac{c_{\text{EDTA}} V'_{\text{EDTA}}}{V_{水样}} \times 1000 \times M_{\text{CaCO}_3}$$

式中　V'_{EDTA}——滴定钙硬度时消耗的 EDTA 溶液的体积，cm^3；

其余符号的意义与式(1) 相同。

镁硬度为：
$$Z = X - Y \tag{3}$$

三、仪器与试剂

仪器：$50cm^3$ 移液管、$250cm^3$ 锥形瓶、$250cm^3$ 烧杯、酸式滴定管。

试剂：EDTA 标准溶液 $c_{(\text{EDTA})} = 0.00500 mol·dm^{-3}$，KOH 溶液 $0.2g·cm^{-3}$，NH_3-NH_4Cl 缓冲溶液 （pH≈10），钙黄绿素-百里酚酞混合指示剂，铬黑 T 指示剂。

四、实验内容

1. 总硬度的测定

用 $50cm^3$ 移液管量取水样 $50cm^3$，放入 $250cm^3$ 锥形瓶中，加入 $10cm^3$ NH_3-NH_4Cl 缓冲溶液，摇匀，再加入少量铬黑 T 指示剂，再摇匀，此时溶液呈酒红色，以 $0.00500mol·dm^{-3}$ EDTA 标准溶液滴定至纯蓝色，即为终点。

2. 钙硬度的测定

用 $50cm^3$ 移液管量取水样 $50cm^3$，放入 $250cm^3$ 烧杯中，加 $4cm^3$ $0.2g·cm^{-3}$ KOH 溶液和适量钙黄绿素-百里酚酞指示剂，此时溶液应出现绿色荧光，立即用 $0.00500mol·dm^{-3}$ EDTA 标准溶液滴定到溶液的绿色荧光消失并突变为紫红色，即为终点。

3. 镁硬度的测定

由步骤 1、步骤 2 消耗的 EDTA 标准溶液体积和式(3)，计算得镁硬度。

五、注意事项

1. 此取样量适于硬度按碳酸钙计算为 $10 \sim 250 mg·dm^{-3}$ 的水样。若硬度大于 $250mg·dm^{-3}$ 碳酸钙，则取样量相应减少；若水样不是澄清的，则必须过滤。

2. 硬度较大的水样，在加缓冲溶液后常析出碳酸钙、碱式碳酸镁微粒，使滴定终点不稳定。遇此情况，可于水样中加适量稀盐酸溶液，摇匀后再调至近中性，然后加缓冲溶液，则终点稳定。

3. 测定总硬度时，加入铬黑 T 要适量，太少会使终点变色不敏锐；太多会使终点滞后。

4. 钙黄绿素-百里酚酞混合指示剂的加量不宜过多，在能识别荧光的前提下，加量越少越好。

六、思考题

1. 水的硬度测定中，滴定管、移液管、锥形瓶应如何洗涤？

2. 用 EDTA 法测定水硬度时，哪些离子的存在有干扰？如何消除？

（饶晓蓓）

实验 3.13　金属电镀 （2h）

一、实验目的

1. 加深对电极电势、电解原理的理解。

2. 了解电镀原理及方法。

3. 了解电镀的工艺过程。

二、实验原理

通过电化学过程，使金属或非金属工件的表面上再沉积一层金属的方法称为电镀。该技术广泛应用于国民经济的各个生产和研究部门。电镀层的主要作用是：提高金属工件在使用环境中的抗蚀性能；装饰工件的外表，使其光亮美观；提高工件的工作性能。

电镀是电解原理的具体应用。电镀时，被镀工件作阴极，欲镀金属作阳极，电解液中含欲镀金属离子。电镀进行中，阳极溶解成金属离子，溶液中的欲镀金属离子在金属工件表面以金属单质或合金的形式析出。本实验是在金属铜片上镀镍。

三、仪器和试剂

仪器：直流稳压稳流电源，烧杯（作电镀槽），电热板，砂纸（粗、细），玻棒，导线（带鳄鱼夹）。

试剂：铜片(15mm×80mm×2mm)，镍片(15mm×80mm×2mm)。

碱洗液（除油）：$Na_2CO_3(25\sim30g\cdot dm^{-3})$，$NaOH(25\sim30g\cdot dm^{-3})$。

酸洗液：$H_2SO_4(6mol\cdot dm^{-3})$。

电镀液：$NiSO_4(140g\cdot dm^{-3})$，$MgSO_4(30g\cdot dm^{-3})$，$Na_2SO_4(50g\cdot dm^{-3})$，$H_3BO_3(20g\cdot dm^{-3})$，$NaCl(5g\cdot dm^{-3})$，酸度 （pH＝5～5.5）。使用过程中若出现沉淀，应周期性地过滤后使用。

四、实验内容

将欲镀工件先用粗砂纸，后用细砂纸仔细打磨，磨掉工件表面的铁锈和锈斑，并使粗糙的工件表面尽可能平滑光亮。然后用自来水冲洗干净。

将打磨好的工件放入 50～60℃的碱洗液浸泡 5～10min，同时不断搅动碱洗液。然后将工件取出用自来水冲洗掉表面上附着的碱液。若工件表面被一层均匀的水膜覆盖，而不附有水珠时，表明除油达到要求；否则，重新除油，直到达到要求为止。

将除油达到要求且冲洗干净的工件放入酸洗液中浸泡约 1min，同时不断搅动工件，取出用自来水冲洗工件表面附着的酸液。

按图 3-10 所示装置接好线路。将处理好的待镀工件挂在电镀槽阴极上。电镀液温度 20

～40℃，直流稳压稳流电源采用恒流运行方式，调整稳流旋钮，使表上显示的电流数值为
0.1～0.5A，电镀进行 15～20min。然后，切断电源，取出工件，用水冲洗干净。观察记录
所得金属镍镀层表观性状。

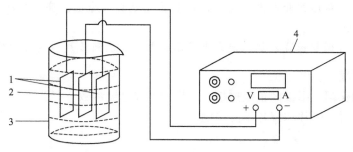

图 3-10 电镀装置示意图
1—镍极（阳极）；2—镀件（阴极）；3—电镀池；4—直流稳压稳流电源

附：直流稳压稳流电源的使用方法

YDX 双路 30V/3A 直流稳压稳流电源的输出电压、电流都可以从零开始，连续可调，
输出电压与输出电流在输出功率上建立了严格的欧姆定律。双路稳压稳流电源中每一路都能
独立工作，互相是隔离的，可以进行串、并联使用。

1. 仪器面板示意图

仪器面板示意图见图 3-11。

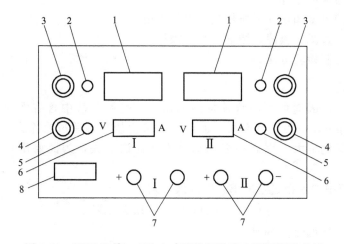

图 3-11 YDX 双路 30V/3A 直流稳压稳流电源面板示意图
1—显示器；2—稳压指示灯；3—稳压旋钮；4—稳流旋钮；
5—稳流指示灯；6—检测开关；7—输出；8—电源开关

2. 使用方法

（1）恒压运行

① 开机前将稳压调整旋钮逆时针调到头，稳流调整旋钮顺时针调到头。

② 打开电源开关，慢慢顺时针方向调节稳压旋钮，使表上显示所需电压（此时检测开
关置于 V）。

③ 关掉电源，按"＋"、"—"连接好负载，打开电源，稳压指示灯（红色）亮，设备
处于稳压运行。此时输出电流大小可通过按下检测开关（置于 A）在表上显示出来。

④ 若想转换到稳流状态工作，只要将稳流旋钮逆时针慢慢旋转到稳流指示灯（绿色）

亮，稳压指示灯（红色）熄灭，设备便处于稳流运行。

（2）恒流运行

① 开机前，先将稳流旋钮逆时针调到头，稳压旋钮顺时针调到头。

② 接好负载，然后打开电源开关，此时稳流指示灯（绿色）亮，检测开关置于 A，观察输出电流的大小。

③ 慢慢顺时针调整稳流旋钮，使表上显示的电流数值到负载所需要的数值即可。

五、注意事项

1. 电镀要确保阴、阳极的正确连接，严格调整好电镀参数。

2. 进行电镀时，铜片和镍片不能接触。

六、思考题

1. 电镀前为什么要对工件进行打磨、碱洗、酸洗等处理？

2. 镀层质量的好坏与哪些因素有关？

（王孝华）

实验 3.14　由粗食盐制备试剂级氯化钠[❶]（3h）

一、实验目的

1. 掌握粗食盐提纯原理。

2. 了解盐类溶解度知识在无机物提纯中的应用。

3. 熟悉离心、过滤、吸滤、浓缩结晶等操作。

4. 学习中间控制检验方法。

二、实验原理

氯化钠（NaCl）试剂可由粗食盐提纯而得，一般粗食盐中含有泥沙等不溶性杂质及 KCl、$CaCl_2$ 和 $MgSO_4$ 等可溶性杂质。泥沙可在粗食盐溶解后过滤除去，其他可溶性杂质的溶解度随温度变化不大，因此一般的结晶方法无法除去，为此要用化学方法进行离子分离。

在粗食盐溶液中加入稍过量的 $BaCl_2$ 溶液，则

$$Ba^{2+} + SO_4^{2-} = BaSO_4 \downarrow$$

滤去 $BaSO_4$ 沉淀，即可除去 SO_4^{2-}。

加入 NaOH 和 Na_2CO_3 溶液，发生如下反应：

$$2Mg^{2+} + 2OH^- + CO_3^{2-} = Mg_2(OH)_2CO_3 \downarrow$$
$$Ca^{2+} + CO_3^{2-} = CaCO_3 \downarrow$$
$$Ba^{2+} + CO_3^{2-} = BaCO_3 \downarrow$$

滤去沉淀，不仅除掉 Mg^{2+}、Ca^{2+}，而且连前一步骤中过量的 Ba^{2+} 亦除去了。过量的 NaOH 与 Na_2CO_3，则可用 HCl 中和除去。

---

❶ 根据我国国家标准 GB 1266—77，试剂级氯化钠的技术条件为：（1）氯化钠含量不少于 99.8%；（2）水溶液反应合格；（3）杂质最高含量中 SO_4^{2-} 的标准为（以重量%计）：

规　格	优级纯（一级）	分析纯（二级）	化学纯（三级）
含 SO_4^{2-}	0.001	0.002	0.005

少量用沉淀剂不能除去的其它可溶性杂质，如 KCl，在最后浓缩结晶的过程中，可留在母液中而与氯化钠晶体分开。少量多余的 HCl，在干燥氯化钠晶体时，以氯化氢形式逸出。

三、仪器与试剂

仪器：$200cm^3$ 烧杯，$100cm^3$ 烧杯，$50cm^3$ 烧杯，$10cm^3$ 离心试管，$100cm^3$ 有柄蒸发皿，$250cm^3$ 锥形瓶，$25cm^3$ 比色管，玻璃漏斗，布氏漏斗，离心机，真空泵。

试剂：粗食盐，$BaCl_2$ 溶液（$0.5mol \cdot dm^{-3}$），Na_2CO_3 溶液（$0.5mol \cdot dm^{-3}$），盐酸溶液（$2mol \cdot dm^{-3}$），淀粉溶液（1%），荧光素指示剂（0.5%），$AgNO_3$ 标准溶液（$0.1000mol \cdot dm^{-3}$），$NaOH$ 溶液（$0.10mol \cdot dm^{-3}$）。

四、实验内容

1. 溶盐

在台秤上称取 15g 粗食盐于 $200cm^3$ 烧杯中，加入 $60cm^3$ 蒸馏水。加热搅拌溶解，溶液中如有少量不溶性杂质，可留待下一步过滤时一并除去。

2. 化学处理

（1）将滤液加热煮沸，用小火维持微沸。边搅拌，边逐滴加入 $3cm^3$ $0.5mol \cdot dm^{-3}$ $BaCl_2$ 溶液。反应完全后，为判断其中 SO_4^{2-} 是否已沉淀完全，需要进行中间控制检验，方法如下：

取离心试管两只，各加入上述溶液 $2cm^3$，离心沉降后，沿其中一支离心试管的管壁滴入 3 滴 $BaCl_2$ 溶液，另一支留作比较。如无浑浊产生，说明 SO_4^{2-} 已沉淀完全，若清液变浑，需要再往烧杯中加适量的 $BaCl_2$ 溶液，并将溶液煮沸。如此操作，反复检验、处理，直至 SO_4^{2-} 沉淀完全为止。如检验液中未加其它药品，观察后可倒回原液中。

用玻璃漏斗过滤。过滤时，不溶性杂质及 $BaSO_4$ 沉淀尽量不要倒至漏斗中。

（2）除去 Ca^{2+}、Mg^{2+}、Ba^{2+}

将滤液加热至沸，用小火维持微沸。边搅拌边逐滴加入 $5cm^3$ 的 $0.5mol \cdot dm^{-3}$ Na_2CO_3 溶液，待生成的沉淀下沉后，需进行中间控制检验以判断 Ca^{2+}、Mg^{2+}、Ba^{2+} 是否已沉淀完全，方法类似于（1）中步骤。

确证 Ca^{2+}、Mg^{2+}、Ba^{2+} 已沉淀完全后，趁热用玻璃漏斗过滤。

（3）除去多余的 CO_3^{2-}

在滤液中滴加 $2mol \cdot dm^{-3}$ HCl，调 pH＝3～4。

3. 蒸发、干燥

（1）蒸发浓缩，析出纯 NaCl

将用盐酸处理后的溶液蒸发，当液面出现晶体时，改用小火加热并不断搅拌，以免溶液溅出。蒸发后期，再检查溶液的 pH(此时暂不加热)，必要时，可加 1～2 滴 $2mol \cdot dm^{-3}$ HCl，保持溶液微酸性（pH≈6）。当溶液蒸至稀糊状时（切勿蒸干!）停止加热。冷却后，减压过滤，尽量将 NaCl 晶体抽干。

（2）干燥

将 NaCl 晶体放入有柄蒸发皿中，在石棉网上用小火烘炒，应不停地用玻璃棒翻动，以防结块。待无水蒸气逸出后，再用大火烘炒数分钟。得到的 NaCl 晶体应是洁白和松散的。冷却后在台秤上称重，计算收率。

4. 产品检验

（1）氯化钠含量的测定

在电子天平上，用减量法准确称取 0.1500g 干燥恒重的产品，溶于 70cm³ 水中，加 10cm³ 1% 的淀粉溶液，在振摇下用 0.1000mol·dm⁻³ AgNO₃ 标准溶液避光滴定，接近终点时，加 3 滴 0.5% 荧光素指示剂，继续滴定至乳液呈粉红色。氯化钠含量 (w) 按下式计算：

$$w = \frac{\dfrac{V}{1000} \times c \times 58.44}{m}$$

式中，V 为滴定消耗 AgNO₃ 标准溶液的体积，cm³；c 为 AgNO₃ 标准溶液的浓度，mol·dm⁻³；m 为样品质量，g；58.44 为氯化钠的摩尔质量，g·mol⁻¹。

（2）产品纯度的检验

称取粗食盐和提纯后的精盐各 1g，溶于 6cm³ 蒸馏水中，然后分盛于 3 支试管中，用下述方法检验精盐的纯度。

① SO_4^{2-} 的检验。加入两滴饱和 BaCl₂ 溶液，观察有无白色的 BaSO₄ 沉淀生成。

② Ca^{2+} 的检验。加入两滴饱和 $(NH_4)_2C_2O_4$ 溶液，观察有无白色的 CaC_2O_4 沉淀生成。

③ Mg^{2+} 的检验。加入两滴 NaOH 溶液（2mol·dm⁻³），再加入几滴镁试剂，如有蓝色沉淀产生，则表示有 Mg^{2+} 存在。

五、注意事项

目视比色时应注意：

1. 待测溶液与标准溶液产生颜色或浊度的实验条件要一致。

2. 所用比色管玻璃质料、形状、大小要一样，比色管上指示溶液体积的刻度位置相同。

3. 目视比色时，将比色管塞子打开，从管口垂直向下观察，这样观察液层比从比色管侧面观察的液层要厚得多，能提高观察的灵敏度。

六、思考题

1. 粗食盐中含有哪些杂质？如何用化学方法除去？

2. 为什么选用 BaCl₂、Na₂CO₃ 作沉淀剂？为什么除去 CO_3^{2-} 要用盐酸而不用其他强酸？

3. 为什么先加 BaCl₂ 后加 Na₂CO₃？为什么要将 BaSO₄ 过滤掉才加 Na₂CO₃？什么情况下 BaSO₄ 可能转化为 BaCO₃？

4. 在调 pH 的过程中，若加入的 HCl 量过多，怎么办？为何要调成弱酸性（碱性行吗）？

5. 在浓缩结晶过程中，能否把溶液蒸干？为什么？

（饶晓蓓）

实验 3.15　有机化合物熔点、沸点的测定 （3h）

一、实验目的

1. 掌握测定有机化合物熔点和沸点的原理。

2. 熟悉测定有机化合物熔点、沸点的方法。

3. 了解物理常数测定对鉴定有机化合物的意义。

二、实验内容

结构决定性质，性质是结构的反映。不同的有机化合物具有不同的物理常数。测定这些物理常数是鉴定有机化合物的重要方法。常用的物理常数有熔点、沸点、折射率、相对密度、比旋光度等。本实验主要介绍熔点、沸点的测定。

（一）熔点测定

1. 原理

当固体有机化合物受热至一定的温度时，即从固态转变成液态，此时的温度称为该有机化合物的熔点。熔点的严格定义为：在大气压力下，有机化合物固态和液态的蒸气压相等时的温度。纯粹的固体有机物都有一定的熔点。在一定压力下，固体物质的固液两相间的变化非常敏锐，从初熔到全熔的温度范围（称熔点范围或熔距）一般不超过 0.5～1.0℃。但是，当晶体中混有少量杂质时，其熔点降低，熔距也较长。因此，测定熔点有两方面的实际意义，一是判断有机化合物的纯度；二是在实际工作中，用来初步鉴定有机化合物。例如，可利用"混合熔点"的测定判断两种晶体物质是否相同，即把具有相同熔点的这两种化合物混合后测熔点，若熔点不变，即可认为二者是同一物质（形成共熔体除外）。相反，熔点下降或熔距较长通常表明两种化合物不同。

由于熔点测定对研究有机化合物具有很大实用价值，因此，掌握测定的基本操作是完全必要的。

测定熔点的方法有多种，以毛细管法较简便，结果也准确。显微法既可以测定化合物的熔点，又可以观察化合物在熔化过程中的形态变化。本实验介绍这两种测定熔点的方法。

2. 药品与仪器

液体石蜡、苯甲酸、尿素、不纯苯甲酸（尿素15％、苯甲酸85％）；50cm³ 小烧杯、酒精灯、带软木塞 200℃ 温度计、环形玻璃搅拌棒、表面皿、长玻璃管、薄壁毛细管，载玻片，显微熔点仪。

3. 操作步骤

（1）毛细管法

① 熔点管制备　采用直径 1～1.5mm，长约 60～70mm 的毛细管，一端用酒精灯灼烧至熔封，作为熔点管。使用前检查毛细管一端是否完全封闭。

② 待测物的装入方法　将少量干燥待测的有机物，置于干净的表面皿上，用玻匙研细成粉末状，堆成绿豆大的小堆，将毛细管的开口端插入堆中，装取少量粉末，将毛细管的开口端向上竖立，从一根长约 40cm 高的玻璃管上口掉下，重复几次，使待测物紧聚在管底。待测物必须装填均匀和结实［图 3-12(a)］。

③ 测定装置安装　取 50cm³ 小烧杯，倒入液体石蜡至小烧杯容量的 2/3 处，用铁夹固定温度计上端的软木塞，让温度计悬置于油浴正中（水银球距杯底约 1cm），环形玻璃搅拌棒套在温度计外可上下搅动，以保持传热均匀。利用液体石蜡的黏附作用将装有试样的毛细管贴在温度计上，其封闭端中样品位于温度计水银球中部并使温度计的刻度正对着观察者。如图 3-12(b) 所示。

④ 熔点测定　用酒精灯小火缓缓加热油浴，同时不断搅拌，使浴温受热均匀。开始时升温速度可以快一些，每分钟控制在 5℃ 左右。当浴温在该化合物熔点下 10～15℃ 时，控制每分钟升温在1～2℃（掌握升温速度是准确测定熔点的关键）。仔细观察熔点管内试样的变化情况和温度计读数，记录下试样开始塌落并有液相产生时（初熔）和晶体完全消失时（全熔）的温度读数，即为该化合物的熔点范围。对试样在加热过程中出现的萎缩、变色、碳化、分解等应如实记录。熔点的测定，至少要重复两次。每次测定必须用新的熔点管另装试样，不能用已测过熔点的熔点管。因为在液化时，试样可能发生部分分解或有晶形转变等变化。

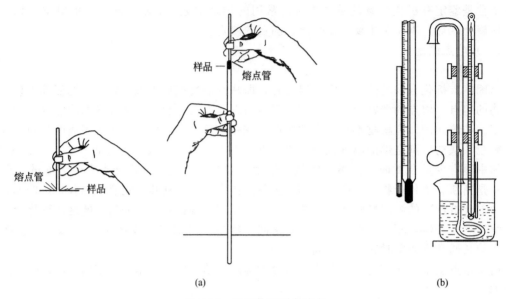

(a)   (b)

图 3-12　毛细管法测定熔点

用上述方法测定尿素和苯甲酸的熔点，另取含有杂质的苯甲酸样品测定其熔点。

（2）显微镜熔点测定法

用毛细管测定熔点，其优点是仪器简单，方法简便，缺点是不能观察晶体在加热过程中的变化情况。为了克服这一缺点，可用显微镜式微量熔点测定装置。见图 3-13。这种熔点测定装置的优点是：可测微量及高熔点（室温至 350℃）试样的熔点。通过显微镜可以观察试样在加热中变化的全过程，如结晶的失水、多晶的变化及分解等。

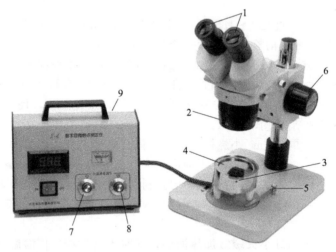

图 3-13　显微熔点测定仪

1—目镜；2—物镜；3—温度计插孔；4—热台；5—热台调节螺钉；
6—手轮；7—温度粗调旋钮；8—温度细调旋钮；9—温控器

操作步骤如下：

①　先将测定器放在采光较好的实验台面上，在 3 处插入温度计，然后将微量试样研细放在载玻片上，平摊不可堆积，用一载玻片盖住试样，放在热台 4 上。

②　取下物镜 2 下方的镜头盖，选择物镜 2 和目镜 1 的放大倍数，从显微镜中观察热台

中心是否处于视场中，若左右偏，可调节显微镜来解决；若前后不居中，可以松动热台旁的两只螺钉 5（只要松动了就行），然后推动热台居中，再拧紧螺钉，使载玻片上试样位于电热板的中心。小心旋转手轮 6 调节焦距，使晶体外形清晰，然后开启电源，用温度粗调 7 调节加热速度，当温度在试样熔点温度以下 30℃时，控温减速，用细调 8 控制温度每分钟上升 1～2℃，试样的结晶棱角开始变圆的温度为初熔温度，当结晶形状完全消失的温度为全熔温度。

③ 测定熔点后，停止加热，稍冷，用镊子拿走载玻片，将一厚铝板盖放在热板上，加快冷却，然后清洗载玻片，以备再用。第二次测定时，应使热台温度降至待测样品熔点以下 10℃再测。

（二）常压蒸馏法测定沸点

1. 原理

蒸馏是纯化液体有机物和分离混合物的重要方法，常用于分离两种或两种以上沸点相差较大的液体及除去有机溶剂。利用蒸馏可将易挥发的物质与不挥发的物质分开，也可使沸点相差较大（至少在 30℃以上）的液体混合物达到较好的分离效果。在蒸馏沸点相差较大的液体时，沸点低的组分优先馏出，且馏出过程中温度维持恒定。沸点较高的组分随后馏出，不挥发的则留在蒸馏瓶内。但对沸点相差不大的物质一次蒸馏往往达不到好的分离效果，常借助于分馏。通过蒸馏也可以测定化合物的沸点，所以它对鉴别有机化合物纯度也有一定意义。

液体物质受热时，其饱和蒸气压随着温度的升高而增大。当液体的饱和蒸气压与外界压力相等时，液体沸腾，此时的温度即为该液体在此外界压力下的沸点。显然，沸点与外界压力大小有关，通常所说的沸点，是指在一个大气压下（760mmHg，101325Pa）液体沸腾时的温度。在其他压力下的沸点需注明压力。如 50mmHg 时，沸点为 92.5℃，则表示为 92.5℃/50mmHg。某物质的蒸馏液开始滴出到几乎全部流出时的温度范围叫做该物质的沸程。纯物质有一定的沸点，沸程很短，一般不超过 1～2℃。

沸点是液体物质的重要物理常数之一。可以通过沸点的测定来鉴别有机化合物的纯度，但是，应该指出，具有恒定沸点的液体不一定都是纯有机化合物，因为有些有机化合物可以与其他组分形成共沸混合物，它们也有一定的沸点。液体不纯时，沸程较长，一般无法确定其沸点。沸点可以采用微量法或常量法测定，本实验介绍常压蒸馏常量法测定液体的沸点。

2. 简单蒸馏操作和常量法沸点的测定

（1）装置

在常压下最常用的蒸馏装置如图 3-14 所示。主要仪器有蒸馏烧瓶、蒸馏头、温度计、直形冷凝管、接液管和接收瓶等。为了准确测定蒸汽温度，温度计插入蒸馏头中央，水银球上限应与蒸馏头支管的下限在同一水平线上。

140℃以上的馏分应选用空气冷凝管，直形冷凝管只适用于沸点低于 140℃以下的馏分。冷凝水应从冷凝管的下口入，上口出，以保证冷凝管的套管中始终充满水。接液管的支管可以保证装置始终与大气相通，以免造成封闭体系因体系压力过大而发生爆炸。所用仪器必须清洁干燥，规格合适。蒸馏瓶的大小也要合适，通常由被蒸馏物的体积量决定，一般不超过蒸馏瓶容积的 2/3，不少于 1/3。

（2）操作步骤

按图 3-14 常压蒸馏装置装配仪器。装置由 100cm³ 圆底蒸馏烧瓶、直形冷凝管、蒸馏头、温度计导管、接液管、接收瓶等组成。温度计通过温度计套管插入蒸馏头上口，其水银球上限与蒸馏瓶支管口底边所在的水平线相齐。整个装置要求准确端正、排列整齐。

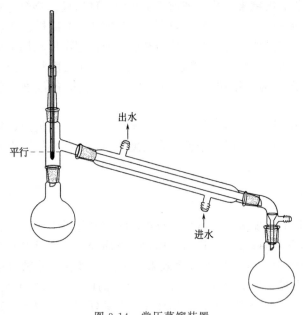

图 3-14 常压蒸馏装置

安装完毕后取下温度计套管，将待测液体（约 50cm³）通过玻璃漏斗沿蒸馏瓶壁小心倒入蒸馏瓶中，勿使液体流入支管。加入 2～3 粒沸石助沸，塞上带温度计的套管。再次检查仪器各连接部位是否紧密。常压下蒸馏，必须保证接液管处与大气相通。

由冷凝管下端缓缓通入冷凝水，由上端流出引向水槽。然后开始加热蒸馏，并逐渐升温使之沸腾，通过控制加热方式，让蒸馏速度达到每秒馏出 1～2 滴，当温度计读数恒定时，记录下第一滴馏出液流出时的温度。在整个蒸馏过程中，应使温度计水银球上始终被冷凝的液滴湿润，此时温度计的读数就是馏出液的沸点。记录下这部分液体开始馏出时和最后一滴馏出时的温度范围，即为该馏分的沸程。当温度突然下降或升高时，停止蒸馏。即使杂质含量极少，也不要蒸干，以免发生意外事故。

蒸馏完毕，先停止加热，后切断冷凝水，拆下仪器。拆除仪器与安装的程序相反。

3. 微量测定沸点的方法

微量测定沸点的仪器是自制的沸点套管，由一端封口的毛细管和一支小试管构成。装置见图 3-15。

取约 1cm 液体样品置于沸点管外套管中，再放入一支一端封口的毛细管，并使封口朝上，然后将沸点管用小橡皮捆附在温度计旁，放入热浴中进行加热。随着温度升高，毛细管内的气体分子动能增大，蒸气压升高，毛细管口会有小气泡缓缓逸出，在到达该液体的沸点时，有一连串的小气泡快速地冒出。此时可停止加热，使浴温自行下降。气泡冒出的速度即渐渐减慢，当气泡不再冒出而液体刚要进入毛细管的瞬间（即最后一个气泡刚欲缩回至毛细管中时），表示毛细管内的蒸气压与外界压力相等，此时的温度即为该液体的沸点。为校正起见，待温度降下几度后再非常缓慢地加热，记下刚出现气泡时的温度。两次温度计读数相差应该不超过 1℃。

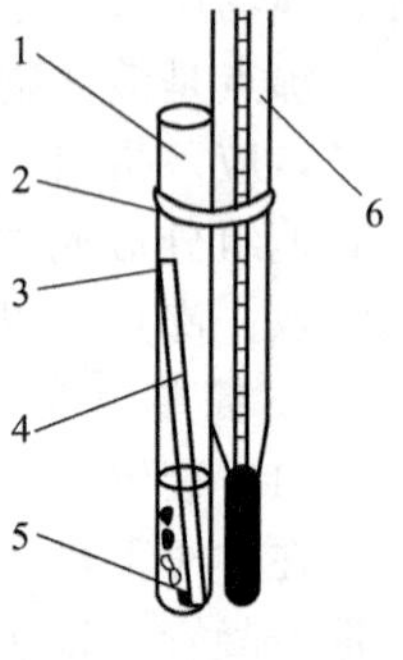

微量法测定沸点应注意三点。

① 加热不能过快，被测液体不宜太少，以防液体全部气化；

② 初次测定时，让毛细管里有大量气泡冒出，以此带出空气；

③ 观察要仔细及时，并重复几次，其误差不得超过 1℃。

图 3-15 微量法测定
沸点装置
1—ϕ5mm 沸点管；
2—橡皮圈；3—毛细管
闭口端；4—毛细管；
5—毛细管开口端；
6—温度计

三、注意事项

进行蒸馏时，应注意下列几点。

① 按蒸馏物量选择合适的蒸馏瓶，通常，蒸馏物的量不超过蒸馏瓶容量 2/3，不少于 1/3。

② 为了使液体沸腾平稳，防止"暴沸"，蒸馏前应加入少量助沸物（沸石或毛细管等多孔性物质）。如果事先忘记加入助沸物，绝不能在液体已加热至沸时补加，以免引起剧烈暴沸，必须待液体冷却后再补加。如果中断蒸馏，每次蒸馏前都要重新加入助沸物。

③ 装配蒸馏装置时，应尽量做到紧密不漏气，整套装置要做到准确端正。接收器必须与外界大气相通。如果蒸馏易挥发和易燃物质（如乙醚）时，不能用明火（如酒精灯等）加热。

④ 蒸馏速度以每秒接液管滴下 1～2 滴蒸馏液为宜。如果维持原来加热温度，不再有馏液蒸出，同时温度计读数明显下降，应停止蒸馏。即使蒸馏物质杂质很少，也不能蒸干。否则，容易发生事故。蒸馏完毕，先停火，后停止通水，拆卸仪器程序和装配时相反。

⑤ 蒸馏法测得的沸点是馏出液的沸点，因此温度计的位置至关重要，必须使水银球上限与蒸馏瓶支管口底边所在的水平线相齐。

四、思考题

1. 蒸馏时为什么要加沸石？若忘记加入沸石，应如何处理。

2. 在装置中，若把温度计水银球插至液面上或者在蒸馏烧瓶支管口上方是否正确？这样会发生什么问题？

3. 测沸点（微量法）时，如碰到以下情况将会如何？（1）毛细管中空气未排除干净；（2）毛细管未封好；（3）加热太快。

4. 测得某种液体有固定的沸点，能否认为该液体是单纯物质，为什么？

（马育）

实验 3.16　色谱分离（6h）

一、实验目的

1. 了解色谱法分离提纯有机化合物的基本原理和应用。

2. 了解偶氮苯的光异构化原理和薄层色谱的分离原理和基本操作。

3. 掌握柱色谱的操作技术。

二、实验原理

色谱技术是分离、纯化、鉴定有机化合物的重要方法之一，色谱法（chromatography）在分离、纯化和鉴定有机化合物时有着重要而广泛的应用。色谱基本原理是借助于各组分在两相间作用的差异，将混合物中各组分分开。例如，利用混合物各组分在某一物质（一般是多孔性物质）中的吸附或溶解性能或分配性能的差异，或其亲和性的不同，使混合物的溶液流经该种物质进行反复的吸附-解吸附或分配-再分配作用，从而使各组分分离。色谱法最初只用于分离有色化合物，但现已广泛用于分离和鉴定无色化合物。

色谱法有两种不同的相：其中不动的一相称为固定相（可以是固体或液体）；另一相是携带混合物流过此固定相的流体，称为流动相（可以是溶液或气体）。流动相中所含的混合物经过固定相时，就会与固定相发生作用，由于各组分的性质和结构不同，与固定相发生作用的大小、强弱也有差异。因此在同一推动力作用下，不同组分在固定相的滞留时间有长有短，从而按先后不同的次序从固定相中流出。

按流动相的物态，色谱法可分为气相色谱法和液相色谱法；按固定相的物态，又可分为气固色谱法、气液色谱法、液固色谱法和液液色谱法等。

根据操作条件的不同，可分为柱色谱（固定相装在色谱柱中）、纸色谱（吸附在滤纸上的水分为固定相）、薄层色谱（将吸附剂粉末制成薄层作固定相）、气相色谱和高效液相色谱等类型。

按分离过程的原理，可分为吸附色谱法（利用吸附剂表面对不同组分的物理吸附性能的差异进行分离）、分配色谱法（利用不同组分在两相中有不同分配系数进行分离）、离子交换法（利用离子交换原理）和排阻色谱法（利用多孔性物质对不同大小的排阻作用）。

目前，在有机化合物制备、分离和鉴定实验中常用的方法主要是柱色谱法、纸色谱法、薄层色谱法、气相色谱法和高效液相色谱法等。本实验主要介绍以中性氧化铝为吸附剂的柱色谱分离方法和硅胶为吸附剂的薄层色谱法。

1. 柱色谱

柱色谱常用的有吸附色谱和分配色谱两种。吸附色谱常用氧化铝和硅胶为吸附剂；分配色谱以硅胶、硅藻土和纤维素为支持剂，以吸附较大量的液体作为固定相。本实验主要介绍以中性氧化铝为吸附剂的柱色谱分离方法。

(1) 吸附剂

用于柱色谱的吸附剂有硅胶、氧化铝、氧化镁、碳酸钙和活性炭等。尤其以氧化铝应用最多，有专供色谱用的色谱用氧化铝商品，色谱氧化铝有酸性、中性和碱性三种类型。

酸性氧化铝适用于有机酸类化合物的分离，其水提取液 pH 为 4～4.5；中性氧化铝适用于醛、酮、醌及酯类化合物的分离，其水提取液 pH 为 7.5；碱性氧化铝适用于生物碱类碱性化合物和烃类化合物的分离，其水提取液 pH 为 9～10。

氧化铝的活性分为 Ⅰ～Ⅴ 五级，Ⅰ 级的吸附作用太强，分离速度太慢，Ⅴ 级的吸附作用太弱，分离效果不好。所以一般常采用 Ⅱ～Ⅳ 级。多数吸附剂都强烈吸水，使其活性降低，在使用时一般需经加热活化。吸附剂的活性与含水量有密切关系，见表3-9。

表 3-9 吸附剂活性和含水量的关系

吸附剂活性等级	Ⅰ	Ⅱ	Ⅲ	Ⅳ	Ⅴ
氧化铝含水量/%	0	3	6	10	15
硅胶含水量/%	0	5	15	25	38

另外，柱色谱的分离效果还与吸附剂的粒度有关，柱色谱用的氧化铝以通过 100～150 目筛孔的颗粒为宜。颗粒太粗，溶液流出太快，分离效果不好。颗粒太细，表面积大，吸附能力高，但溶液流速太慢，因此应根据实际需要而定。

(2) 溶质的结构和吸附能力

化合物的吸附性和它们的极性成正比，化合物分子中含有极性较大的基团时其吸附性较强。氧化铝对各种化合物的吸附性按下列顺序递增：

饱和烃＜卤代物、醚＜烯＜芳香族化合物＜酯、醛、酮＜醇、胺、硫醇＜酸、碱

(3) 试样溶剂的选择

试样溶剂的选择是重要的一环，通常根据被分离化合物中各种成分的极性、溶解度和吸附剂活性等来考虑。①溶剂要求较纯，否则会影响试样的吸附和洗脱。②溶剂和氧化铝不能起化学反应。③溶剂的极性应比试样极性小一些，否则试样不易被氧化铝吸附。④试样在溶剂中的溶解度不能太大，太大会影响吸附；也不能太小，太小溶液的体积增加，易使色谱分散。⑤有时可使用混合溶剂。如有的组分含有较多的极性基团，在极性小的溶剂中溶解度太

小，可先选用极性较大的溶剂溶解，而后加入一定量的非极性溶剂，这样既降低了溶液的极性，又减少了溶液的体积。

（4）洗脱剂

洗脱剂是一种适合于将吸附在吸附剂上的试样进行有效分离的溶液。它既可以是某种单一溶剂，也可以是一种混合溶液。如果原来用于溶解试样的溶剂冲洗柱子不能达到分离的目的，可改用其他溶剂。一般极性较大的溶剂容易将试样洗脱下来，但达不到将试样逐一分离的目的。因此常使用一系列极性渐次增大的溶剂。为了逐渐提高溶剂的洗脱能力和分离效果，也可用混合溶剂作为过渡。先用薄层色谱选择好适宜溶剂，常用洗脱溶剂的极性按以下次序递增：

己烷、石油醚＜环己烷＜四氯化碳＜三氯乙烯＜二硫化碳＜甲苯＜苯＜二氯甲烷＜三氯甲烷＜乙醚＜乙酸乙酯＜丙酮＜丙醇＜乙醇＜甲醇＜水＜吡啶＜乙酸

（5）柱色谱基本操作步骤

① 装柱　柱色谱的装置如图 3-16 所示，先用洗液洗净色谱柱，用水清洗后再用蒸馏水清洗，干燥。在玻璃管底铺一层玻璃棉或脱脂棉，轻轻塞住，再在玻璃棉上盖一张比柱直径略小的滤纸、而后将氧化铝装入管内，装入的方法分湿法和干法两种。湿法是将备用的溶剂装入管内，约为柱高的四分之三，而后将氧化铝和溶剂调成糊状，慢慢地倒入柱中。将柱下端活塞打开，使多余溶剂流出。装柱时，用套有橡皮管的玻璃棒轻轻敲击柱身，使吸附剂装填均匀并赶走气泡。当吸附剂装入需要的高度时，在吸附剂上面加一小圆滤纸，以保证加样时不会破坏吸附层而导致洗脱时谱带不齐。操作时应保持流速，注意吸附剂的表面始终要保持有一层液体，任何时候都不能流干，以防止空气进入影响分离效果。

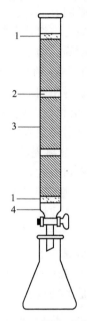

图 3-16　柱色谱装置
1—砂；2—谱带；
3—吸附剂；4—玻璃棉

干法是在管的上端放一干燥漏斗，使氧化铝均匀地经干燥漏斗成一细流慢慢装入管中，其间应不间断地时时轻轻敲打柱身，使装填均匀，全部加入后，再加入溶剂，使氧化铝全部润湿。另外也可先将溶剂加入管内，约为柱高的四分之三处，而后将氧化铝通过一粗颈玻璃漏斗慢慢倒入并轻轻敲击柱身。干法较简便，但湿法装柱更紧密均匀。

② 加样　先将氧化铝柱中多余的溶剂放出，直到柱内液体表面到达氧化铝表面时，停止放出溶剂。沿管壁加入预先配制成适当浓度的试样溶液，注意加样时不能冲乱氧化铝平整的表面，试样溶液加完后，开启下端旋塞，使液体渐渐放出，至溶剂液面和氧化铝表面相齐（勿使氧化铝表面干燥），再用少量溶剂洗净黏附于玻管内壁上的试样，当全部试样进入吸附层且溶剂液面降至氧化铝表面时，即可用溶剂洗脱。

③ 洗脱和分离　在洗脱和分离的过程中，应当注意以下几点。a. 洗脱操作中切勿使氧化铝表面的溶液流干，若流干再加溶剂，易使氧化铝柱产生气泡和裂缝，影响分离效果。b. 收集洗脱液，如试样各组分有颜色，在氧化铝柱上可直接观察。洗脱后分别收集各个组分。在多数情况下，化合物没有颜色，收集洗脱液时，多采用等份收集。c. 要控制洗脱液的流出速度，一般小柱 1～2 滴/s，太快了柱中交换来不及达到平衡，因而影响分离效果。d. 由于氧化铝表面活性较大，有时可能促使某些成分破坏，所以应尽量在一定时间内完成一个柱色谱的分离，以免试样在柱上停留的时间过长，发生变化。

2. 薄层色谱

薄层色谱（薄层层析）是近年来在柱色谱和纸色谱基础上发展起来的一种微量、快速而简单的色谱法。它与柱色谱与纸色谱相比，具有分离效率高、灵敏度高、应用面广及层析后可用各种方法显色等优点。

薄层色谱是把固定相吸附剂铺在玻璃板上成为均匀的薄层，铺好薄层后的玻璃板叫薄板，不含黏合剂的薄板称为软板，加黏合剂的薄板叫硬板。层析就在玻璃板上的薄层中进行。

薄层色谱中最常用的吸附剂有氧化铝和硅胶等。常用的黏合剂有煅石膏（$2CaSO_4 \cdot H_2O$）、淀粉、羧甲基纤维素钠（CMC）等。另外，在实际工作中，流动相（展开剂）常常用两种或两种以上的溶剂混合，配成混合溶剂，分离效果往往比用单纯溶剂好。

层析后，试样中各组分在薄板上移动的相对位置常用比移值 R_f 来表示。

$$R_f = \frac{化合物由原点移动的距离}{展开剂由原点移动的距离}$$

影响 R_f 值的因素很多，如薄层的厚度，吸附剂的种类、粒度、活度（吸附能力），展开剂的纯度、组成及挥发性，展开方式（上行或下行），层析缸的形状、大小及饱和程度，外界温度等。但是，在固定条件下，某化合物的 R_f 值是一个常数。因此，在条件完全相同的情况下，R_f 值可以作为鉴定和检出该化合物的指标，就像测定熔点或其他物理常数一样。为了获得相同的色谱条件，通常把未知样品和标准样品同时滴加在同一块薄板上展开，若两者 R_f 值相同，则两者有可能是同一种化合物。

色谱法在有机化学中有着重要的用途．主要应用有以下几点。

① 分离提纯　有些结构相似，性质相近的化合物很难用一般的化学方法分离开，或某些结构相似的杂质难以除去，应用色谱法进行分离或提纯，往往收到理想的效果。

② 鉴定化合物　当影响因素如温度、展开剂组成、吸附剂厚度等固定后，纯化合物在薄层色谱或纸色谱上有一定的比移值。

③ 确定化合物的纯度　如果样品不纯，由于不同化合物的 R_f 值不同，薄层色谱或纸色谱将出现两个或多个色点。

④ 观察化学反应是否完成　利用薄层色谱或纸色谱观察原料和产物的色点变化，验证反应是否完成。薄层色谱除可用于定性分析外，还可与比色法配合起来作定量分析。

三、仪器试剂

仪器：小型色谱柱，毛细吸管，小试管，玻璃棒，滤纸、脱脂棉，点样毛细管，载玻片，层析缸，$10cm^3$ 量筒。

试剂：亚甲基蓝，荧光黄，95％乙醇，0.01％的冰醋酸溶液，中性氧化铝，偶氮苯，氯仿，四氯化碳，硅胶 G。

四、实验内容

1. 柱色谱分离荧光黄和亚甲基蓝[1]

（1）湿法装柱

选择一支小型色谱柱（可用 $3cm^3$ 注射器针筒代替），于柱的下口塞入少许脱脂棉，柱底放一张略比柱内径小的圆形小滤纸。将柱垂直固定于操作台上，向柱中倒入适量的 95％乙醇（为柱高的二分之一），再将适量 95％乙醇与 1.5g 中性氧化铝在小试管中调成糊状，通过毛细吸管徐徐加入柱中，并随时用玻璃棒或带橡皮管的玻璃棒轻轻敲打柱身，使装填均匀。装柱过程中，柱的上方始终需要保持有液层。最后在柱的顶端加盖一张略比柱内径小的圆形小滤纸，以防加样和加洗脱液时破坏柱层。

（2）上样（整个过程中柱面滤纸不能漏干）

抽去下口棉塞，溶剂缓缓下行。当乙醇的液面刚好流至滤纸面时，立即沿柱壁加入 $0.5cm^3$ 已配好的含有 0.5mg 荧光黄与 0.5mg 亚甲基蓝的 95％乙醇溶液，当试样溶液流至接近滤纸面时，分次用少量 95％乙醇洗下管壁的有色物质，每次都要当前一次洗脱液到达滤纸处时才添加，直至管壁洗净。

（3）洗脱（整个过程中柱面滤纸不能漏干，以防产生气泡影响分离效果）

全部试样上柱后，从柱的上端分批加入 95％乙醇的洗脱液，控制流出速度。蓝色的亚甲基蓝应首先向下移动，用试管收集蓝色的亚甲基蓝。极性较大的荧光黄留在柱的上端，当蓝色的色带完全洗出后，更换接收试管，改用 0.01％的冰醋酸溶液作为洗脱液，至黄绿色荧光黄开始流出时，用另一接收试管收集洗脱液，至黄绿色物质全部洗出为止。观察色带的出现，分别得到两种染料的溶液。实验完毕后，倒出柱中的中性氧化铝，并将柱洗净倒立于操作台上晾干。

2. 偶氮苯的光异构化及薄层色谱分离

偶氮苯有顺反两种异构体，反式异构体比顺式稳定，最常见的形式是反式异构体。反式偶氮苯在光照下能吸收紫外光形成活化分子，其活化能很低（$96\sim105kJ\cdot mol^{-1}$），活化分子失去过量的能量后又会回到顺式或反式基态。生成的混合物的组成与所使用的光的波长有关。当用波长为 365nm 的紫外光照射偶氮苯的溶液时，生成 90％以上热力学不稳定的顺式异构体（在室温下只能存在数小时），若用阳光照射，顺式异构体仅稍多于反式异构体。

两种异构体均为橘红色结晶，可以利用色谱技术将两种异构体分开。

（1）光照异构化

取 1g 偶氮苯溶于 $100cm^3$ 四氯化碳中，分成两部分，一部分放在小样品瓶中，用黑纸包好避免日光照射，以便与光照后的溶液作对比。另一部分样品放在培养皿中，用紫外光照射 1 小时备用。

（2）异构体的分离

① 薄层板（硅胶硬板）的制备　薄层板的制备是将吸附剂均匀地铺在玻璃板或其他材料上。该制备所使用的板必须表面光滑、清洁。使用前先用肥皂水煮沸、洗净，再用洗涤液浸泡，最后用水洗涤烘干。否则，在铺层时，有油污的部位会发生吸附剂涂不上去或薄层易剥落的现象。对于一般的定性实验，用载玻片（7.5cm×2.5cm）制成的硬板完全可以获得满意的结果。

将市售硅胶 G 或 CF254 与蒸馏水按 1：1.25（质量比）混合，调成均匀的糊状。取调好的糊状物适量，均匀涂布于玻片上。用手夹住薄板两侧左右摇晃，使表面均匀光滑且厚度为 0.25～1mm（必要时可于平台处让玻板一端触台面另一端轻轻跌落数次，并互换位置）。把铺好的薄层板放于试管架上室温晾干（约半小时），再移入烘箱，缓慢升温至110℃恒温 0.5～1h 进行活化（可得Ⅳ-Ⅴ级的活性薄层板），取出稍冷后备用。如果认为这样的薄层板不够牢固时，可用 0.8％的羧甲基纤维素钠（CMC-Na）溶液代替水，调匀后铺层。由于铺成的薄板含有黏合剂，较为稳定，称为硬板。

② 点样　用管口平整的毛细管（直径 $0.3 \sim 0.4$mm）插入样品溶液中吸取少量光照后的偶氮苯溶液，轻轻接触到距离薄层下端 $1 \sim 1.5$cm 处的起点线上点样，斑点扩展后直径不超过 $2 \sim 3$mm [图 3-17(a)]。再用另一毛细管吸取未经光照的偶氮苯溶液点样，样品之间的间隔距离为 $0.5 \sim 1$cm，而且必须点在同一水平线上。

样品的量与显色剂的灵敏度、吸附剂的种类、薄层的厚度有关，量少不易检出，量大易造成拖尾或斑点相互交叉。

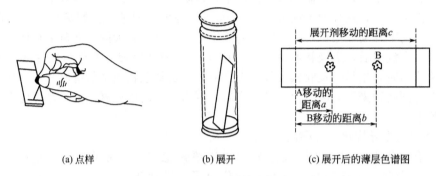

(a) 点样　　　　　　(b) 展开　　　　　　(c) 展开后的薄层色谱图

图 3-17　薄层色谱示意图

③ 展开（展开剂配比：四氯化碳：氯仿＝3：2）　将 5cm^3 展开剂倒入层析缸中，盖上盖子让层析缸内蒸汽饱和 $5 \sim 10$min，（否则易出现边缘效应，即展开后，同一样品斑点不在同一水平线上，样品在薄层两边的上行高度较中间为高。这是因为当混合溶剂在薄层上移动时，沸点较低的且与吸附剂亲和力较弱的溶剂在薄层的两个边缘处易挥发。因此它们在薄层的两个边缘处的浓度比中部的浓度小，也就是说薄层板的两个边缘比中部含有更多极性较强的溶剂。为避免此现象的发生，可预先将层析缸用展开剂蒸汽饱和 30min 以上，或在层析缸壁上贴几张浸满展开剂的滤纸来克服）。将点好样品的薄板放入层析缸中 [点样端下方浸入展开剂的深度为 0.5cm，但展开剂不可浸没点样处。如图 3-17(b)]，点样位置保持在液面之上。待展开剂前沿上升到离薄层板的上端约 $1 \sim 1.5$cm 处时取出色谱板，立即用铅笔在展开剂上升的前沿处划一记号，置于空气中晾干 [见图 3-18(c)]，可观察到色谱板上经光照后的偶氮苯溶液点样处上方有两个黄色斑点（哪一个斑点是 E 型的？哪一个斑点是 Z 型的？）

④ 显色　偶氮苯异构体本身有颜色，可直接观察它的斑点。对于本身无色的样品，可采用以下方法使斑点显色。

a. 紫外灯照射法　主要用于含不饱和键的化合物。如果该物质有荧光，可直接在能发出 254nm 或 366nm 波长紫外灯下观察。注意紫外灯光的强度，太弱影响检出。如果化合物本身没有荧光，但在 254nm 或 366nm 波长处有吸收，可在荧光板的底板上观察到无荧光斑点。

b. 碘蒸气法　可用于所有有机化合物。将已挥发干的薄板，放入碘蒸气饱和的密闭容器中显色。许多物质能与碘生成棕色斑点。当碘蒸气挥发后，棕色斑点消失（自容器取出后 $2 \sim 3$ 秒），所以应立即标出斑点位置。

c. 炭化法　将炭化试剂如 50% H_2SO_4、50% H_3PO_4、浓 HNO_3、25% 或 70% 高氯酸等在薄层上喷雾，加热出现黑色炭化斑点。使用该法时的黏合剂应是无机化合物。

d. 专属显色剂显色法　显色剂专与某些官能团反应，显出颜色或荧光，而揭示出化合物的性质。不同类型的化合物须选用不同的显色剂，显色后记下各斑点中心位置。

⑤ 计算两个异构体的 R_f 值 层析后，异构体 A、B 在薄板上的位置如图 3-17(c)，R_f 值分别为：

$$异构体 A 的 R_f = \frac{a}{c}$$

$$异构体 B 的 R_f = \frac{b}{c}$$

[注释]

[1] 荧光黄为橙红色，商品一般是二钠盐，稀的水溶液带有荧光黄色。亚甲基蓝是深绿色有铜光的结晶，其稀的水溶液为蓝色。它们的结构式如下：

荧光黄　　　　　　　　亚甲基蓝

五、思考题

1. 为什么极性大的组分要用极性较大的溶剂洗脱？
2. 色谱柱中若含气泡或装填不均匀，将给分离造成什么样的结果，如何避免？
3. 在薄层色谱实验中，样品原点高度太低，浸入到展开剂中，会出现什么结果？
4. 经薄层色谱分离后，偶氮苯的两种异构体中，哪个异构体的 R_f 值大？为什么？

(马育)

实验 3.17 折射率的测定 (2h)

一、实验目的

1. 了解折射率对研究有机化合物的实用意义。
2. 掌握使用阿贝折光仪测定有机化合物的方法。

二、实验原理

光线从一种介质进入另一种介质时，若它的传播方向与两种介质的界面不垂直，就会在分界面上发生折射现象（图 3-18）。物质使光线发生折射的性质可用折射率（refractive index）n 来表示。折射率是液体有机物最重要的物理常数之一，通常可用阿贝（Abbe）折光仪测定。由于阿贝折光仪操作简单，测定仅需少许试样，容易掌握。所以，常作为液体有机物纯度测定的标准之一。折射率还可用来鉴定未知物等。

根据折射定律，在确定的外界条件（如温度、压力等），单色光从介质 A 进入介质 B 时，入射角 α 和折射角 β 的正弦之比与这两个介质的折射率 N（介质 A 的）和 n（介质 B 的）成反比，即

$$\frac{\sin\alpha}{\sin\beta} = \frac{n}{N}$$

若介质 A 是真空，则其 $N=1$，于是 $n = \frac{\sin\alpha}{\sin\beta}$，此时介质 B 的折射率 n 称为绝对折射率。

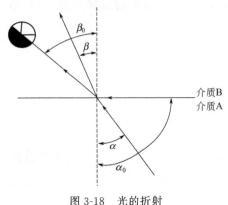

图 3-18　光的折射

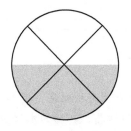

图 3-19　目镜中的图像

通常测定折射率都是以空气作为比较标准，因为空气的折射率几乎等于 1。

若 A 是光疏介质，B 是光密介质，即 $n_A < n_B$，则折射角 β 必小于入射角 α。当 α 为 90°，$\sin\alpha = 1$，这时的折射角达到最大值，称为临界角，用 β_0 表示。β_0 与折射率 n 的关系为：$n = \dfrac{1}{\sin\beta_0}$。可见，通过测定临界角 β_0，就可得到折射率，这就是本实验用阿贝折光仪测定折射率的基本光学原理。为了测定 β_0 值，折光仪设计成让单色光自 0°～90° 的所有角度从空气射入介质 B，这样介质 B 中临界角以内的整个区域都有光线通过，因而是明亮的，而临界角以外的全部区域则无光线通过，所以是暗的。若从介质 B 上方的目镜观察，就可看到分界线十分清楚的一半明一半暗图像（如图 3-19 所示）。测定样品时，通过调节棱镜位置，使明暗两区的界线与目镜中刻上的"十"字交叉线的交点重合，便可从折光仪的标尺上直接读出已换算而得的该样品的折射率。

物质的折射率除决定于该物质的结构外，还与入射光线的波长、温度、压力等因素有关。但通常只在精密的研究中才考虑压力的影响。因此，在测定折射率时必须注明所用的光波长和操作温度，常用 n_D^t 表示。t 表示测定的温度，D 表示以钠光的 D 线 589.3nm 作光源。实际测定时虽然用日光作光源，但用棱镜系统加以补偿，读数仍为钠光 D 线的折射率。许多液体有机物，当温度增高 1℃，折射率就下降 4×10^4。在某一温度下测得的折射率可以换算到规定的温度，换算公式如下：

$$n_D^T = n_D^t + 4 \times 10^{-4}(t - T)$$

式中，n_D^T 为规定温度时的折射率；n_D^t 为实验温度下的折射率；T 为规定温度；t 为实验时的温度；4×10^{-4} 为温度每增减 1℃ 时的校正系数。

本实验所用的阿贝折光仪结构如图 3-20 所示。

三、仪器和试剂
高纯水，无水乙醇，丙酮棉球，滴管，阿贝折光仪。

四、实验内容
1. 仪器的准备

将折光仪放在光线充足的平台上，装上配套的温度计，用橡皮管把恒温水浴与折光仪相连接，导入 20℃ 的恒温水，待温度平衡后，再进行测定，也可直接在室温下测定，再根据换算公式算出 n_D^{20} 的值。

2. 读数校正

在开始测定前，必须先用标准试样校对读数。对折射棱镜的抛光面加 1 滴溴代萘，再贴

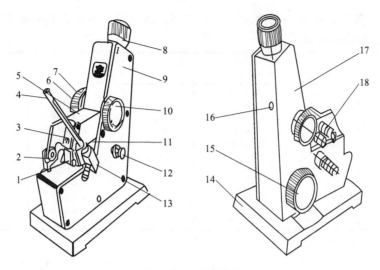

图 3-20　阿贝折光仪

1—反射镜；2—转轴；3—遮光板；4—温度计；5—进光棱镜座；6—色散调节手轮；7—色散值刻度圈；
8—目镜；9—盖板；10—锁紧手轮；11—折射棱镜座；12—照明刻度盘聚光镜；13—温度计座；
14—底座；15—折射率刻度调节手轮；16—偏差调节螺钉；17—壳体；18—恒温器接头（四只）

上标准试样的抛光面，转动棱镜转动手轮，使目镜内读数指示与标准试样上之数值相同，观察目镜内明暗分界线是否在十字线中间，若有偏差则用螺丝刀微调旋转小孔 16 的螺钉，使分界线像位移至十字线中心。通过反复地观察与校正，使示值的起始误差降至最小（包括操作者的瞄准误差）。校正完毕后，在以后的测定过程中不允许随意再动此部位。

如果在日常的测量工作中，对所测得的折射率示值有怀疑时，可按上述方法用标准试样进行检验起始误差，并进行校正。

3. 样品测定

每次测定工作之前及进行数值校准时必须用拭镜纸或棉球蘸取丙酮或乙醚顺一个方向轻轻拭净进光棱镜的毛面、折射棱镜的抛光面及标准试样的抛光面，待干后再开始测定，以免留有杂质，影响观测清晰度和测量精度。

将被测液体[1]用干净滴管加在折射棱镜表面上，并将进光棱镜盖上，用手轮 10 锁紧，要求液层均匀，充满视场，无气泡（若测定易挥发样品，可用滴管从棱镜间小槽处滴入）。打开遮光板 3，合上反射镜 1，调节目镜视度，使十字线清晰，旋转手轮 15，并在目镜视场中找到明暗分界线的位置，再旋转手轮 6 使分界线不带任何彩色，微调手轮 15，使分界线位于十字线的中心，再适当转动聚光镜 12，此时目镜视场下方显示的数值即为被测液体的折射率。

按上述方法测定超纯水和无水乙醇的折射率[2]。

测定完毕后，必须将棱镜用丙酮或乙醚擦洗干净，待晾干后闭上棱镜，并拆下温度计和橡皮管，将仪器妥善复原，放入箱内。

[注释]

[1] 注意保护棱镜，滴管尖端切不可触及棱镜。用毕要洗净、干燥后才可闭上棱镜。对棱镜、金属保护套及其间胶合剂有腐蚀或溶解作用的液体切勿用折光仪测定。

[2] 在一般情况下，允许的误差范围为±0.0010。

五、思考题

1. 使用折光仪时，应注意哪些事项？

2. 17.5℃时测得 2-甲基-1-丙醇 $n_D^{17.5}=1.3968$，试计算其 20℃时的折射率。

附：水和乙醇的折射率

$t/℃$	纯 水	质量分数为 99.8%的乙醇	$t/℃$	纯 水	质量分数为 99.8%的乙醇
14	1.33348	—	34	1.33136	1.35474
15	1.33341	—	36	1.33107	1.35390
16	1.33333	1.36210	38	1.33079	1.35306
18	1.33317	1.36129	40	1.33051	1.35222
20	1.33299	1.36048	42	1.33023	1.35138
22	1.33281	1.35967	44	1.32992	1.35054
24	1.33262	1.35885	46	1.32959	1.34969
26	1.33241	1.35803	48	1.32927	1.34885
28	1.33219	1.35721	50	1.32894	1.34800
30	1.33192	1.35639	52	1.32860	1.34715
32	1.33164	1.35557	54	1.32827	1.34629

注：相对于空气，钠光波长为 589.3nm。

（马育）

实验 3.18 环己烯的制备 （4h）

一、实验目的

1. 掌握分馏、蒸馏等基本操作规程及产率的计算。
2. 了解酸催化脱水制备环己烯的原理与方法。

二、实验原理

实验室中环己烯通常可用浓硫酸、85%磷酸等催化剂由环己醇脱水制备。本实验以浓硫酸为脱水剂，利用环己烯沸点比相应的酸要低得多这一性质，从反应混合物中分离出环己烯。其反应式如下：

三、仪器和试剂

仪器：分馏装置（回流管外缠石棉绳保温）与蒸馏装置、分液漏斗、50cm³ 具塞锥形瓶、玻璃漏斗，电热套。

试剂：环己醇、浓硫酸、无水氯化钙、精制食盐、15%碳酸钠、pH 试纸。

四、实验内容

在 100cm³ 干燥圆底烧瓶中，用称量法[1]放入 20g 环己醇（21cm³，约 0.2mol）、1cm³ 浓硫酸和几粒沸石，充分混匀。按图 3-21 装好分馏装置，接收瓶外部可用冷水浴冷却。

隔石棉网加热烧瓶使混合物沸腾，控制分馏柱顶部馏出温度不超过 90℃[2]。蒸馏速度以 2～3s 1 滴为好。当烧瓶内只留下几毫升残液并出现白色烟雾（硫的氧化物）时，立即停止加热。全部蒸馏时间约需 40min。馏出物中含环己烯和水。反应完后，拆除分馏装置，用少量氯仿洗出蒸馏烧瓶中的剩余物，倒入指定污物缸，然后用去污粉洗净烧瓶。

接收瓶中的馏出物用 2g 精制食盐饱和，再加入 3～4cm³ 15%碳酸钠溶液中和残酸（至

pH 8~9），然后，在分液漏斗中进行分离[3]。溶液振摇后静置分层，弃去下部水层，上层即为粗制的环己烯。

将粗品环己烯从分液漏斗上口倒入干燥的锥形瓶中，加入 2~3g 无水氯化钙干燥[4]。放置 15~20min 后过滤，清亮的滤液滤入 50cm³ 干燥蒸馏烧瓶中[5]，加几粒沸石用水浴加热进行蒸馏，收集 80~85℃的馏分。

产品称量后计算产率。

$$产率 = \frac{实际产量}{理论产量} \times 100\%$$

纯净环己烯为无色液体，沸点 83℃，折射率 $n_D^{20} = 1.4465$。

产品经指导老师同意后倒入回收瓶中备用。

[注释]

[1] 环己醇在常温下是黏稠状液体，若用量筒量取，转移中会有损失，用称量法取样可以避免误差。

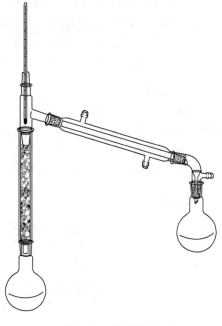

图 3-21　分馏装置

[2] 加热时应避免过热。由于环己烯与水形成共沸物（沸点 70.8℃，含水 10%）；环己醇与环己烯形成共沸物（沸点 64.9℃，含环己醇 30.5%）；环己醇与水形成共沸物（沸点 97.8℃，含水 80%）。因此，在加热时温度不可过高，分馏速度不宜太快，以减少未反应的环己醇馏出。

[3] 水层应尽可能分离完全，否则将增加无水氯化钙的用量，使产物更多地被干燥剂吸附而降低产品收率。

[4] 本实验用无水氯化钙作为干燥剂，因为它可与环己醇形成结晶醇而除去少量环己醇。

[5] 在蒸馏已干燥后的产物时，蒸馏提纯所用仪器全部都需要充分干燥。

五、思考题

1. 指出环己醇与硫酸脱水反应机理。

2. 环己烯粗品中为何要加入食盐饱和？

实验 3.19　溴乙烷的制备 （3h）

一、实验目的

1. 学习以溴化钠、浓硫酸和乙醇制备溴乙烷的原理。

2. 学习低沸点蒸馏的基本操作和分液漏斗的使用方法。

二、实验原理

卤代烃可由醇与氢卤酸发生亲核取代反应来制备。溴乙烷是通过乙醇与氢溴酸反应而制得。氢溴酸可用溴化钠与浓硫酸作用生成。适当过量硫酸可使平衡向右移动，并且使乙醇质子化，易发生取代反应。

主反应：$NaBr + H_2SO_4 \longrightarrow HBr + NaHSO_4$

$$CH_3CH_2OH + HBr \Longrightarrow CH_3CH_2Br + H_2O$$

副反应：$2CH_3CH_2OH \Longrightarrow CH_3CH_2OCH_2CH_3 + H_2O$

$$CH_3CH_2OH \Longrightarrow CH_2 = CH_2 + H_2O$$

$$2HBr + H_2SO_4 \Longrightarrow Br_2 + SO_2 + 2H_2O$$

三、仪器和试剂

仪器：$25cm^3$ 圆底烧瓶，$10cm^3$ 圆底烧瓶，蒸馏头，$0\sim100℃$ 温度计，直形冷凝管，接液管，$10cm^3$ 锥形瓶，$125cm^3$ 分液漏斗，$10cm^3$ 离心试管，毛细吸管。

试剂：乙醇（95％）$2cm^3$（约 $0.0326mol$），无水溴化钠 $3g$（约 $0.03mol$），浓硫酸（$d=1.84$）$3.8cm^3$，NaOH（$1mol \cdot dm^{-3}$），沸石。

四、实验流程

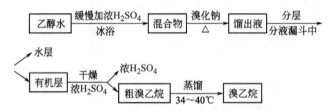

五、实验内容

1. 溴乙烷的生成

在 $25cm^3$ 圆底烧瓶中加入 $2cm^3$ 95％乙醇及 $1.8cm^3$ 水，在不断振荡和冰水浴冷却下，缓慢加入浓硫酸 $3.8cm^3$，在搅拌下加入研细的溴化钠 $3g$，再加入几粒沸石，小心摇动烧瓶使其均匀。照图 3-22 安装装置。溴乙烷沸点很低，极易挥发，为了避免损失，在接收器中加入少量冷水，放在冰水浴中冷却，并使接收管的末端刚浸没在水溶液中。

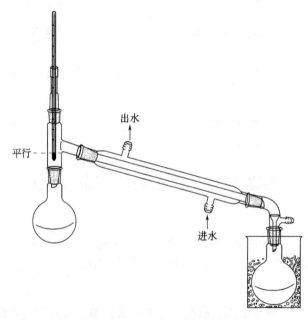

图 3-22 溴乙烷合成装置

开始时小火加热，使反应液微微沸腾，10min 后慢慢加大火力[1]，直到无溴乙烷流出为止。反应初期会有大量气体出现，此时一定控制加热强度，不要造成暴沸，然后固体逐渐减少，当固体全部消失时，反应液变得黏稠，然后变成透明液体（此时已接近反应终点）。用盛有水的烧杯检查是否还有溴乙烷流出（溴乙烷会沉入水中）以确定反应终点。

2. 溴乙烷的精制

将接收器中的液体倒入分液漏斗，静止分层后，将下面的无色粗溴乙烷[2]转移至干燥的离心试管中。在冰水冷却下，小心加入 $1cm^3$ 浓硫酸，用毛细吸管吸吹溶液数次进行精制干燥[3]。待溴乙烷层清澈后，吸去下层浓硫酸，将上层溴乙烷倒入 $10cm^3$ 烧瓶中，加入几粒沸石进行蒸馏。由于溴乙烷沸点很低，接收器要在冰水中冷却。接收 37～40℃ 的馏分。产量约 2g（产率约 50%）。

纯溴乙烷为无色液体，沸点 38.4℃，$n_D^{20} = 1.4239$。

[注释]

[1] 如果在加热之前没有把反应混合物摇匀，反应时极易出现暴沸使反应失败。开始反应时，要小火加热，以避免溴化氢逸出。

[2] 精制前若发现粗产品有溴的颜色，加入数滴 NaOH（$1mol \cdot dm^{-3}$）除去。

[3] 加入浓硫酸精制时一定要注意冷却，以避免溴乙烷损失。

六、思考题

1. 溴乙烷沸点低（38.4℃），实验中采取了哪些措施减少溴乙烷的损失？
2. 溴乙烷的制备中浓 H_2SO_4 洗涤的目的何在？

（马育）

实验 3.20　醇、酚、醚的性质（3h）

一、实验目的

1. 掌握醇、酚、醚的化学鉴别方法。
2. 验证和巩固醇、酚、醚的理化性质。

二、实验原理

官能团的定性分析是利用有机化合物中各官能团所具有的不同特性，能与某些试剂作用，产生特殊的颜色或沉淀现象，它要求反应迅速，结果明显，且具有专一性。

有机化合物分子的反应大部分都属于官能团反应，含氧官能团占有十分重要的地位。具有同一官能团的不同化合物由于受分子中其他部位的影响，反应性能存在差异，所以在有机化合物定性分析中常常采用几种方法来检验同一官能团的存在。

醇、酚、醚都是烃的含氧衍生物。由于氧原子所连的基团（原子）不同，使醇、酚、醚各具有不同的化学性质。醇有取代反应、消除反应和氧化反应等性质。醚可作为路易斯碱，接受质子生成𬭚盐。但是醚接受质子能力非常弱，需要与浓强酸作用才能生成𬭚盐，从而溶于浓强酸中。此反应可用来分离和鉴别醚。醇和醚都能与酸生成𬭚盐。醚键非常稳定，一般不发生化学反应，但对浓盐酸、浓氢溴酸，以及氢碘酸均可反应，盐酸、氢溴酸与醚反应需要较高的反应浓度和温度，氢碘酸反应相对容易一些，反应生成醇和卤代烃。乙醚与氧气长期接触其 α-氢容易被氧化产生过氧化物。过氧化物的存在对乙醚的安全使用构成威胁，久置的乙醚需要检查是否有过氧化物存在，以便除去。酚的反应比较复杂，除具有酚羟基的特性外，还具有一些芳烃基的性质，如取代反应等，两者的互相影响，使酚不仅有弱酸性（苯酚的 K_a 为 1.28×10^{10}），而且还可以发生氧化反应以及与三氯化铁特征性的颜色反应。酚与三氯化铁反应生成红、绿、蓝、紫等不同颜色的化合物（见表 3-10）。此反应可用来鉴别分子中烯醇式结构的存在。

表 3-10　几种酚与三氯化铁反应生成物的颜色

酚类	⬡—OH	⬡(OH)₂	HO—⬡—OH	⬡(OH)₃	萘酚(1-)	萘酚(2-)
生成物颜色	蓝紫色	蓝紫色	暗绿色(结晶)	棕红色	紫色(沉淀)	紫色(沉淀,析出很慢)

三、仪器和试剂

甲醇，无水乙醇，正丁醇，正辛醇，异丙醇，叔丁醇，甘油，浓盐酸，5％重铬酸钾溶液，浓硫酸，冰醋酸，饱和食盐水，10％硫酸铜溶液，5％氢氧化钠溶液，液体苯酚，1％乙醇溶液，5％硫酸溶液，2％苯酚溶液，饱和溴水，1％ α-萘酚溶液，1％三氯化铁溶液，1％高锰酸钾，乙醚，2％碘化钾溶液，广泛 pH 试纸，小试管，水浴锅，酒精灯。

四、实验内容

1. 醇的性质

（1）溶解性试验

在三支试管中加入水 2cm³，然后分别滴加甲醇、乙醇、丁醇各 10 滴，振摇并观察它们的溶解情况，从而得出适当结论。

（2）醇的氧化

在试管中加入 5％重铬酸钾溶液 5 滴和浓硫酸 1 滴，混匀后加入乙醇 3～4 滴。摇匀后，于水浴中微微加热，观察溶液颜色变化，并注意试管口的气味。用异丙醇进行同样试验，结果如何？

（3）与卢卡斯试剂的作用

在两支干燥试管中分别加入正丁醇、叔丁醇各 10 滴，然后加入 20 滴浓盐酸，振摇后静置。观察两试管中有无浑浊和分层现象。若有，记下变浑和出现分层的时间。

（4）醇的酯化

在一试管中将 2cm³ 无水乙醇和 2cm³ 冰醋酸混合，并加入 0.5cm³ 浓硫酸，混匀后在 60～70℃ 水浴里加热 10min。然后倾入装有 5cm³ 饱和食盐水的大试管中，观察现象，注意产品气味，写出有关反应式。

（5）多元醇与氢氧化铜的作用

在一支小试管中放 10％硫酸铜溶液 10 滴，然后滴入 5％氢氧化钠溶液 4cm³，配成新鲜的氢氧化铜溶液。将此悬浊液分成二份，分别加入 2 滴甘油、2 滴乙醇，比较其结果。

2. 酚的性质

（1）酚的酸性

取 2 滴液体苯酚于试管中（注意苯酚有强腐蚀性，不可触及皮肤），加水 5 滴，振摇后用玻棒蘸取 1 滴溶液于广泛 pH 试纸上试验其酸性。在此乳浊液中，滴入 5％氢氧化钠溶液至溶液清亮为止，并说明溶液变清原因。然后向清液中滴加 5％硫酸溶液，又有何现象发生？并写出有关反应式。

（2）苯酚与饱和溴水作用

取 2％苯酚溶液 2 滴于小试管中，缓缓滴入饱和溴水，不断振摇，观察有何现象发生。

（3）三氯化铁试验

取小试管 3 支，分别加入 2％苯酚溶液、1％ α-萘酚溶液和 1％乙醇溶液各 5 滴，再加入 1％三氯化铁溶液 2 滴，观察各试管所呈现的不同颜色。

（4）苯酚的氧化

取一支试管，依次加入饱和苯酚溶液 1cm³，再加入 1％高锰酸钾溶液 1 滴，有何变化，说明了什么？

3. 醚的性质和过氧化物检验

（1）醚的𬭩盐的生成

取 2 支干燥试管，于一支试管里加入 2cm³ 浓硫酸，另一支试管里加入 2cm³ 浓盐酸。将两支试管都放入冰水中冷却至 0℃后，在每支试管里小心加入 1cm³ 预先量好并已冷却的乙醚。加乙醚时，要分几次加入，并不断摇动试管。保持冷却。试嗅一下所得的均匀溶液是否有乙醚味？

将上面两支试管里的液体分别小心倾入另外两支各盛 5cm³ 冷水和一块冰的试管里，倾倒时也要加以摇动和冷却。此时是否有乙醚的气味出现？水层上是否有乙醚层？小心加入几滴 10％氢氧化钠溶液，中和部分酸，观察乙醚层是否增厚。

（2）乙醚中过氧化物的检验

在试管中加入 5％的硫酸 3 滴和 2％碘化钾溶液 1cm³，再加入 1cm³ 要检验的乙醚，用力振荡，有过氧化物存在时，乙醚层很快变成黄色或棕黄色，表示有 I_2 游离出来。

五、思考题

1. 与氢氧化铜反应产生绛蓝色是邻羟基多元醇的特性反应，此外，还有什么试剂能够鉴别邻羟基多元醇。

2. 用乙醚做实验时应注意哪些问题？

（马育）

实验 3.21　醛、酮、羧酸及其衍生物的性质（3h）

一、实验目的

1. 熟悉醛、酮的化学性质，了解它们的化学鉴别方法。

2. 熟悉羧酸及其衍生物的化学性质。

二、实验原理

醛、酮是含羰基的化合物，由于羰基中碳原子和氧原子的电负性相差很大，电子云强烈地向氧原子靠近，因此，氧带有部分负电荷，碳带有部分正电荷，羰基易发生亲核加成反应。

在醛、酮的羰基中，由于氧原子的吸电子诱导效应，导致与羰基相邻的其他化学键也可以被氧化断裂。氧化的条件不同，得到的产物也不一样。例如，在酸性条件下，强氧化剂能把醛氧化成酸，能把酮氧化成小分子的酸；在碱性条件下，弱氧化剂能把醛氧化成酸根，而酮无此反应。可用 Fehling 试剂、Tollens 试剂等弱氧化剂来区别醛、酮。

醛和脂肪族甲基酮能和饱和亚硫酸氢钠溶液反应，生成不溶于饱和亚硫酸氢钠溶液的白色沉淀。

醛与 Schiff 试剂作用显紫色，反应非常灵敏，且现象明显，而酮与希夫试剂不起反应，因而不显颜色（丙酮反应极慢），因此，可采用该方法鉴别醛和酮。甲醛与希夫试剂作用后所显示的颜色在加硫酸后不会消失，而其他的醛所显的颜色褪去，因此，该方法也可用来区分甲醛和其他醛类化合物。

含有甲基的醛、酮还可发生碘仿反应。

羧酸最典型的化学性质是具有酸性，酸性比碳酸强，故羧酸不仅能溶于氢氧化钠溶液，而且也能溶于碳酸氢钠溶液，以此作为鉴定羧酸的重要依据。某些酚类，特别是芳环上有强吸电子基的酚类具有与羧酸类似的酸性，可通过与三氯化铁的显色反应加以区别。

饱和一元羧酸中，以甲酸酸性最强，而低级饱和二元羧酸的酸性又比一元羧酸强。羧酸能与碱作用成盐，与醇作用成酯。甲酸和草酸还具有较强的还原性，甲酸能发生银镜反应，但不与斐林试剂反应。草酸能被高锰酸钾氧化，此反应用于定量分析。羧酸衍生物都含有酰基（RCO—）结构，具有相似的化学性质，在一定条件下，都能发生水解、醇解、氨解反应，其活泼性为：酰卤＞酸酐＞酯＞酰胺。

三、仪器和试剂

试剂：乙醇、丙酮、甲醛水溶液、乙醛水溶液、苯甲酸、草酸、乙酸乙酯、1％乙酰乙酸乙酯、2,4-二硝基苯肼试剂、托伦试剂、斐林试剂、碘-碘化钾溶液、Schiff 试剂、饱和溴水、1％三氯化铁溶液、饱和石灰水、5％氢氧化钠溶液、5％盐酸、浓硫酸。

仪器：大试管、干燥试管、试管木夹、导气管、水浴锅。

四、实验内容

1. 醛、酮的性质

（1）与 2,4-二硝基苯肼的反应

在二支小试管中，各加入 2,4-二硝基苯肼试剂 $1cm^3$，分别滴入 2 滴丙酮、2 滴乙醛试样，摇匀后静置，观察有无晶体析出，分别写出反应方程式。

（2）与亚硫酸氢钠的反应

取 3 支干燥的试管，分别加入 $2cm^3$ 饱和亚硫酸氢钠溶液，再分别加入 6～8 滴甲醛、乙醛、丙酮，边加边振荡试管，观察有无结晶析出。如果没有结晶析出，可在冰水中冷却几分钟后再进行观察。向有结晶析出的试管中加入少量的水、5％盐酸、5％氢氧化钠溶液，观察现象有何变化，写出相关的反应方程式。

（3）区别醛、酮的反应

① 与托伦试剂反应（银镜反应）　在三支干净小试管中，各加入 $1cm^3$ 托伦试剂，分别加入 4 滴甲醛溶液、乙醛溶液、丙酮，在水浴上（约 40℃）温热几分钟，观察结果。写出醛被氧化的反应式。

② 与斐林试剂反应　取斐林试剂甲液和乙液各 $2cm^3$，混匀后，分成两等份，然后再各滴加 1 滴甲醛和 4 滴丙酮，在沸水浴中煮沸。观察有无红色氧化亚铜沉淀生成。

③ 碘仿反应　在各装有 $2cm^3$ 蒸馏水的试管中，分别加入 $0.5cm^3$ 乙醛、丙酮和乙醇，并各滴入 5％氢氧化钠溶液 $0.5cm^3$，再逐渐加入碘-碘化钾溶液。振摇直至碘的浅黄色逐渐消失，有浅黄色沉淀析出为止。若未发现沉淀（白色乳浊液不是沉淀），将试管放在 50～60℃的温水浴中加热数分钟，静置观察，同时注意碘仿的特殊气味。

④ 与 Schiff 试剂的反应　取 3 支试管，分别加入 $1cm^3$ Schiff 试剂，再分别加入 4～5 滴甲醛、乙醛、丙酮，摇匀后静置几分钟，观察溶液的颜色有何变化。再向有甲醛、乙醛的试管中逐滴加入 $1cm^3$ 浓硫酸，观察溶液颜色有何变化，解释原因。

2. 羧酸及其衍生物的性质

（1）羧酸成盐反应

取少许苯甲酸晶体（约 0.2g）于盛有 $1cm^3$ 水的试管中，加入 5％氢氧化钠溶液数滴，振摇并观察现象。接着再加数滴 5% 盐酸，摇匀后再观察所发生的现象。

（2）二元羧酸的受热反应——草酸脱羧

将 1g 草酸晶体放在带有导气管的干燥小试管中，导管的末端插到盛有 1～2cm³ 饱和石灰水的试管液面之下，加热样品，当有连续气泡发生时观察现象，并写出反应式。

（3）乙酸乙酯的水解

在一支试管中加入 1cm³ 乙酸乙酯和 1cm³ 5% 的氢氧化钠溶液，振摇试管，注意观察酯层和气味的消失。

（4）乙酰乙酸乙酯的酮式-烯醇式互变异构现象

取 1% 乙酰乙酸乙酯溶液 2cm³ 于小试管中，加入 1% 三氯化铁溶液 1 滴，注意溶液呈紫红色（说明分子中含有烯醇式结构）。向溶液中快速加入饱和溴水 2～3 滴，注意紫红色消失（溴在双键处发生了加成反应使烯醇式结构消失），稍等一会儿，溶液又重新出现紫红色（未作用的酮式-乙酸乙酯乙酯又有一部分转变为烯酸式结构）。写出上述变化的反应式。

五、思考题

1. 碘仿反应可以定性鉴定具有 $CH_3CH(OH)—$ 结构的醇和甲基酮，能用溴仿反应或氯仿反应替代吗？为什么？

2. 不溶于水的有机酸中的非酸性有机杂质如何除去？

（马育）

实验 3.22　乙酰水杨酸的制备（3h）

一、实验目的

1. 掌握酰化反应原理和乙酰水杨酸的合成。
2. 熟悉固体有机化合物重结晶的方法和减压抽滤等基本操作。

二、实验原理

乙酰水杨酸（又称阿司匹林）为常用解热镇痛药，为白色针状或片状晶体，熔点 135℃。

乙酰水杨酸可由水杨酸与乙酸酐反应制备。反应中，水杨酸分子中酚羟基的氢原子被乙酸酐的乙酰基取代，这种反应属于乙酰化反应。为了加快乙酰化反应的进行，常加入少量酸（如浓硫酸或磷酸）作为催化剂[1]。反应式为：

三、仪器和试剂

试剂：水杨酸，乙酸酐，85% 磷酸，95% 乙醇，0.1% FeCl₃ 溶液，冰块。

仪器：大试管，小烧杯（50cm³），大烧杯（250cm³），量筒（10cm³），温度计（150℃），水浴锅，酒精灯，布氏漏斗，抽滤瓶，台天平，滤纸，玻璃棒。

四、操作步骤

取一支干燥的大试管，依次加入 2.1g（0.015mol）水杨酸和 4cm³（0.03mol）乙酸酐，再加入 7 滴 85% 磷酸，轻轻摇匀，置于 80℃[2] 左右水浴上加热，并不时加以振摇，试样溶化后再继续加热 15min，然后取出试管，稍冷后，试液倒入小烧杯中，用少量冰水分三次洗涤试管，洗涤液也倒入烧杯中。烧杯置于冰水浴中冷却 5min 左右，不时搅拌试液，以加速晶体析出。减压过滤，用少量冰水洗涤晶体 2 次，抽干后得粗产品乙酰水杨酸。

取少许粗产品溶于 2cm³ 95％乙醇中，加入 0.1％ FeCl₃ 溶液 1～3 滴，观察有何现象？说明什么？（用纯品水杨酸作对照。）

将其余粗产品放入盛有 5cm³ 乙醇的小烧杯中，在水浴上短暂温热（50～60℃）使其溶解（加热时间应尽量短一些），再加入少量冰水，冰浴冷却（切勿振摇），待晶体完全析出后，减压过滤，用少量冰水洗涤结晶，抽干，干燥，得精制产品乙酰水杨酸。

用 0.1％ FeCl₃ 溶液再次检查乙酰水杨酸的纯度。

计算乙酰水杨酸的产率。

[注释]

[1] 水杨酸形成分子内氢键，阻碍酚羟基起酰化反应。水杨酸与酸酐直接作用时，须加热至 150～160℃ 才能生成乙酰水杨酸，在浓酸作用下，氢键被破坏，酰化反应可在较低温度（80～90℃）下进行，同时副反应大大降低。

[2] 温度太高容易生成副产物：

水杨酸   水杨酰水杨酸酯   乙酰水杨酰水杨酸酯

五、思考题

1. 前后两次用 0.1％FeCl₃ 溶液检查，其结果说明什么？
2. 在制备过程中应注意哪些问题才能保证有较高的产率？

（马育）

实验 3.23　糖、氨基酸及蛋白质的性质（3h）

一、实验目的

1. 熟悉糖类物质的主要化学性质，掌握重要的糖类物质的鉴定方法。
2. 熟悉氨基酸和蛋白质的主要化学性质，掌握氨基酸和蛋白质的鉴定方法。

二、实验原理

糖类化合物是指多羟基醛或多羟基酮以及它们的缩合物，通常分为单糖（如葡萄糖、果糖）、双糖（如蔗糖、麦芽糖）和多糖（如淀粉、纤维素）等。

糖类化合物一个比较普遍的定性反应是 Molish 反应，即在浓硫酸存在下，糖与 α-萘酚作用生成紫色物质，在硫酸与糖水的界面出现紫色环。紫色环生成的原因通常认为是糖被浓硫酸脱水生成糠醛或糠醛衍生物，后者再进一步与 α-萘酚缩合成有色物质。

单糖又称还原糖，能还原 Fehling 试剂、Benedict 试剂和 Tollens 试剂。并且能与过量的苯肼生成脎。单糖与苯肼作用生成的糖脎有良好的结晶和一定的熔点，根据糖脎的形状和熔点可以鉴别不同的糖。但果糖、葡萄糖、甘露糖的结构不同，却能形成相同的脎。

双糖由于两个单糖之间的结合方式不同，有的有还原性，有的则没有。麦芽糖、乳糖、纤维二糖等分子里有一个半缩醛基，属于还原糖，也能成脎。蔗糖分子里没有半缩醛羟基，所以没有还原性，不能成脎。

淀粉和纤维素都是由很多葡萄糖缩合而成。葡萄糖以 α-1,4-糖苷键连接则形成直链淀粉；若以 β-1,4-糖苷键结合则形成纤维素。两者均无还原性。直链淀粉与碘反应呈蓝色，在酸和淀粉酶作用下水解成葡萄糖。

氨基酸以 α-氨基酸为最常见。除甘氨酸（CH_2NH_2COOH）外，其余氨基酸都含有手性碳原子，而且有旋光性。氨基酸具有氨基（—NH_2）和羧基（—$COOH$）的性质，是两性化合物，具有等电点。氨基酸是组成蛋白质的基础，它与某些试剂作用可发生不同的颜色反应。

不同的氨基酸和蛋白质都具有各自不同的等电点。

三、仪器和试剂

试剂：5％葡萄糖，5％果糖，5％麦芽糖，5％蔗糖，5％淀粉，Molish 试剂，Fehling 试剂 A，Fehling 试剂 B，Benedict 试剂，Tollens 试剂，10％苯肼盐酸盐，15％醋酸钠溶液，稀硫酸，10％氢氧化钠，0.5％甘氨酸，0.5％酪蛋白，蛋白质溶液，0.1％茚三酮乙醇溶液，5％硫酸铜，浓硝酸，0.1％苯酚。

仪器：pH 试纸，小滤纸，小试管，水浴装置，酒精灯，低倍显微镜

四、实验内容

1. 糖的性质

（1）Molish 试验

在 3 支试管中分别加入 0.5cm³ 5％葡萄糖水溶液、5％蔗糖水溶液、5％淀粉水溶液，再分别滴入 2 滴 10％α-萘酚的酒精溶液，混合均匀后把试管倾斜 45°，沿管壁慢慢加入 1cm³ 浓硫酸（勿摇动）。硫酸在下层，试液在上层，若两层交界处出现紫色环，表示溶液中含有糖类化合物。

（2）Fehling 试验

在 4 支试管中分别取 Fehling 试剂 A 和 Fehling 试剂 B 溶液各 0.5cm³ 混合均匀，并于水浴中微热后分别加入 5 滴葡萄糖、5 滴果糖、5 滴蔗糖和 5 滴麦芽糖的 5％水溶液，摇匀后水浴加热，注意颜色变化及有否沉淀析出。

（3）Benedict 试验

用 Benedict 试剂代替 Fehling 试剂检验实验样品，观察现象。

（4）Tollens 试验

在 4 支洗净的试管中分别加入 1cm³ Tollens 试剂，再分别加入 0.5cm³ 5％葡萄糖溶液、5％果糖溶液、5％麦芽糖溶液及 5％蔗糖溶液，在 50℃水浴中温热，观察有无银镜生成。

（5）成脎反应

在 4 支试管中分别加入 1cm³ 5％葡萄糖溶液、5％果糖溶液、5％蔗糖溶液及 5％麦芽糖溶液，分别加入 0.5cm³ 10％苯肼盐酸盐溶液和 0.5cm³ 15％醋酸钠溶液[1]，在沸水浴中加热并不断振摇，比较产生脎结晶的速率，记录成脎的时间，并在低倍显微镜下观察脎的结晶形状。

（6）淀粉水解

在试管中加入 3cm³ 淀粉溶液，再加 0.5cm³ 稀硫酸，于沸水浴中加热 5min，冷却后用 l0％氢氧化钠溶液中和至中性。取 2 滴与 Fehling 试剂作用，观察现象。

2. 氨基酸及蛋白质的性质

（1）茚三酮反应

① 取 1 张小滤纸片，滴加 1 滴 0.5％甘氨酸溶液，风干后，加 1 滴 0.1％茚三酮-乙醇溶

液，在小火上烘干，观察有何变化。

② 取 3 支试管，编号后分别加 4 滴 0.5％甘氨酸溶液、0.5％酪蛋白溶液和蛋白质溶液，再加 2 滴 0.1％茚三酮-乙醇溶液，混合均匀后，放在沸水浴中加热 1～2min。观察并比较 3 支试管里显色的先后次序。

（2）醋酸铅反应

取 1 支试管，加 1cm³ 0.5％醋酸铅溶液，再逐滴缓慢地加 10％氢氧化钠溶液，直到生成的沉淀溶解为止，摇匀，加 5～10 滴蛋白质溶液，混合均匀，在水浴上小心加热，待溶液变成棕黑色时，将试管取出，冷却后，再小心滴加 2cm³ 浓盐酸。观察有何现象产生，并嗅其味，判断是什么物质。

（3）双缩脲反应

取 1 支试管，加 10 滴蛋白质溶液和 15～20 滴 10％氢氧化钠溶液，混合均匀后滴 5％硫酸铜溶液[2]，边加边摇动，观察有何现象产生。

（4）黄蛋白反应

① 取 1 支试管，加 4 滴蛋白质溶液及 2 滴浓硝酸（由于强酸作用，蛋白质变性出现白色沉淀）。然后放在水浴中加热，沉淀变成黄色，冷却后，再逐滴加入 10％氢氧化钠溶液，当反应液呈碱性时，颜色由黄色变成橙黄色。皮肤接触到硝酸，产生黄色就是这个原因。

② 取 1 支试管，加 4 滴 0.1％苯酚溶液代替蛋白质溶液，重复上述操作，注意颜色的变化。

③ 取 1 支试管，加一些指甲，再加 5～10 滴浓硝酸，放置 10min 后，观察指甲的颜色变化。

[注释]

[1] 醋酸钠与苯肼盐酸盐作用生成苯肼醋酸盐，醋酸盐在水中容易水解成苯肼：

$$C_6H_5NHNH_2 \cdot HCl + CH_3COONa \longrightarrow C_6H_5NHNH_2 \cdot CH_3COOH + NaCl$$

$$C_6H_5NHNH_2 \cdot CH_3COOH \Longleftrightarrow C_6H_5NHNH_2 + CH_3COOH$$

苯肼有毒，操作时应小心，防止试剂粘到皮肤上。如不慎触及皮肤，应先用稀醋酸洗，继之以水洗。蔗糖不与苯肼作用生成脎。但经长时间加热，可能水解成葡萄糖与果糖，因此可能有少量糖脎沉淀出现。

[2] 硫酸铜溶液不能加过量，否则硫酸铜在碱性溶液中生成氢氧化铜沉淀，会遮蔽所产生的紫色反应。

五、思考题

1. 在糖类的还原性实验中，蔗糖与 Tollens 试剂等长时间加热时，有时也得阳性结果，如何解释此现象？

2. 如何鉴别葡萄糖、果糖、蔗糖和淀粉？

3. 氨基酸能否进行双缩脲反应？为什么？

4. 为什么蛋白质可用做重金属中毒的解毒剂？

（马育）

实验 3.24　对位红的制备及棉布染色　（3h）

一、实验目的

1. 掌握芳胺的重氮化反应和重氮盐的偶联反应。

2. 了解对位红染料染色的实际应用。

二、实验原理

对位红是最早的不溶性偶染料，在染料索引中归入有机颜料中，合成对位红有其特殊的意义。本实验以对硝基苯胺和亚硝酸钠为原料，经重氮化反应后再与 β-萘酚偶合生成对位红（对硝基苯胺可以用乙酰苯胺为原料合成[1]）。

1. 重氮化反应

对硝基苯胺与亚硝酸钠在酸性条件下，生成相应的重氮盐，由于重氮盐极不稳定，一般反应在 $0\sim5℃$ 进行。

2. 偶联反应

生成的重氮盐立即与 β-萘酚在碱性介质中偶合生成对位红。

三、仪器和试剂

试剂与材料：对硝基苯胺，浓硫酸，亚硝酸钠，氢氧化钠，β-萘酚，尿素，碘化钾-淀粉试纸，刚果红试纸，pH 试纸，纯棉白布条。

仪器：150cm³、50cm³ 小烧杯各 1 只，小试管，玻棒，2cm³ 移液管，洗耳球，吸滤装置，温度计，加热装置，电子天平（$d=0.01g$）。

四、实验步骤

1. 对硝基苯胺的重氮化反应

在 100cm³ 小烧杯中放置 5cm³ 水，慢慢加入 1.1cm³ 浓硫酸，搅拌均匀后加入 0.7g 对硝基苯胺（约 0.0051mol），小心加热溶解，冷至室温，冰浴冷却，析出固体呈悬浮状。称取 0.35g（约 0.005mol）亚硝酸钠溶于 3cm³ 水中，冷却至 $0\sim5℃$，在不断搅拌下，将冷却好的亚硝酸钠溶液迅速地一次倒入对硝基苯胺的硫酸溶液中，搅拌均匀，用 pH 试纸检验溶液是否呈酸性，继续搅拌 15min，用淀粉-碘化钾试纸检验[1]是否亚硝酸钠过量。如果试纸迅速变蓝则加少量尿素，除去过量亚硝酸钠，再用淀粉-碘化钾试纸检验，直至试纸不再变色。加入冰水至 70cm³，搅拌使重氮盐充分溶解，所得淡黄色透明的重氮盐溶液保存在冰水浴中。

2. 重氮盐偶联反应对棉布染色

将 0.72g（约 0.005mol）研细的 β-萘酚、6cm³ 10% 氢氧化钠溶液加入 50cm³ 烧杯中，充分振荡使之溶解；取一小条洁净的白棉布浸入此溶液中，并用玻璃棒搅动使之浸渍充分均匀，10min 后取出棉布，并沥去大部分溶液；再把棉布放在前面制得的重氮盐溶液中，棉布立即染成鲜红色，继续保持在 $0\sim5℃$ 10min，并不断翻动棉布使染色完全，取出棉布，用水冲洗后晾干。

3. 重氮盐偶联制取对位红产品

将其余 β-萘酚溶液以细流全部倒入冰浴下的重氮溶液中，搅拌，得到深红色固体，用刚果红试纸检验[2]，试纸应变蓝，如若试纸不变色，则须加 50% 硫酸溶液直至试纸呈现蓝色为止。在 5℃ 以下搅拌 5min，抽滤，固体用水洗涤至中性，抽干，于 105℃ 烘干，得到约 0.7g 对位红产品。

[注释]

[1] 用淀粉-碘化钾试纸可检测亚硝酸钠是否过量。亚硝酸钠过量则发生下面反应：

$$2NaNO_2 + 2KI + 2H_2SO_4 = I_2 + 2NO + K_2SO_4 + Na_2SO_4 + 2H_2O$$

析出的碘遇淀粉变蓝。加入少量尿素，可除去过量的亚硝酸钠。

过量的亚硝酸可使碘化钾-淀粉试纸变蓝色。由于空气在酸性条件下也可使碘化钾-淀粉试纸变色，所以实验时间以 0.5～2s 内显色为准。

[2] 重氮化过程中经常检查介质的 pH 值是十分必要的。重氮盐一般容易分解，只有在过量的酸液中才比较稳定。反应完毕时介质应呈强酸性，对刚果红试纸显红色。若反应中酸量不足，生成的重氮盐容易和未反应的芳胺偶合，生成重氮氨基化合物（黄色絮状）：

$$Ar—N_2Cl + ArNH_2 \longrightarrow Ar—N=N—NHAr + HCl$$

一旦重氮氨基化合物生成，即使补加酸液也无法使重氮氨基化合物转变成重氮盐，因此使重氮盐的质量变坏，产率降低。在酸量不足的情况下，重氮盐容易分解，温度越高，分解越快。

五、思考题

1. 重氮化反应和偶合反应为何必须在低温下进行？

2. 重氮盐与酚偶联时，为何要加氢氧化钠溶液？

3. 如果在重氮化反应中，亚硝酸钠过量了怎么办？

4. 白色棉布经染色，都可变成鲜红色。但有时可能会出现颜色较暗或带有黄色等现象，试讨论分析可能的原因。

（马育）

实验 3.25　本体聚合制备甲基丙烯酸甲酯（3h）

一、实验目的

1. 了解自由基加聚反应机理。

2. 学习本体聚合的实验操作技能。

二、实验原理

聚甲基丙烯酸甲酯俗称有机玻璃。是一种具有良好透光和绝缘性的固体高分子材料。通过单体甲基丙烯酸甲酯的加聚反应而制得。反应时，需用过氧化苯甲酰作引发剂[1]。其反应方程式如下：

甲基丙烯酸甲酯的聚合物可溶于单体之中。虽然，随反应的进行反应体系的黏度逐渐增大，但仍为均一体系。其产品纯度高，聚合物分子量大，质量好。单体在不加溶剂或稀释剂情况下的聚合叫本体聚合。本体聚合的关键问题是反应热的排除。聚合初期，转化率不高，体系黏度不大，散热尚无困难。当体系黏度增大以后，反应热就不易散发出去，体系因局部过热极易发生气泡、变色，甚至发生爆聚。改进的办法是将聚合分两段进行。第一段预聚至转化率为 10% 左右的黏稠浆液，然后再灌模分段升温聚合。

有机玻璃质轻（相对密度 1.18）。耐稀酸、稀碱，不溶于石油和乙醇。可溶于氯仿、乙酸乙酯、丙酮等有机溶剂。

三、仪器和试剂

仪器：分液漏斗、水浴锅、干燥大试管、干燥塑料小试管、带长玻管的胶塞、$25cm^3$ 量筒、$10cm^3$ 量筒、$50cm^3$ 具塞锥形瓶。

试剂：甲基丙烯酸甲酯，过氧化苯甲酰，邻苯二甲酸二丁酯，无水氯化钙，1% 的 Na_2CO_3。

四、实验内容

1. 单体的预处理

市售的甲基丙烯酸甲酯内含阻聚剂等杂质，单体必须进行预处理（工业上常常采用蒸馏法获取大量纯净单体，实验室常采用碱洗、干燥法获取少量纯净单体）。量取 $15cm^3$ 甲基丙烯酸甲酯于分液漏斗中，加入 $10cm^3$ 1% 的 Na_2CO_3 溶液洗涤两次，再用蒸馏水洗至中性。分离出酯层置于 $50cm^3$ 具塞锥形瓶内，加入无水氯化钙适量干燥，直至酯层完全透明。

2. 预聚合

将处理过的干燥甲基丙烯酸甲酯倒入大试管中，加入增塑剂邻苯二甲酸二丁酯 $1cm^3$，加入引发剂过氧化苯甲酰约 0.1g，旋摇，使其充分溶解。于试管口装上带有 30cm 长玻璃管的塞子，将试管放入 80℃ 左右的水浴中加热，并不时振摇，直至反应液呈黏稠状（黏度类似于甘油）[2]，停止加热。

3. 灌模聚合

将预聚产物缓缓倒入干燥塑料小试管中，先经 50℃ 恒温箱过夜，再采用分段升温[3]（每升温 20℃、保温 0.5h），当升温达 110℃ 时保温 2h。取出试管冷却后剥离塑料管便可得到一块无色、透明又十分坚硬的有机玻璃（若在干燥小试管中放入干燥、稳定且非脂溶性的小物件后再灌模聚合，可以得到一块有趣的有机玻璃小物件）。

[注释]

[1] 在聚合反应中能引起单体分子活化而发生自由基的物质叫引发剂。过氧化苯甲酰就是其中之一。它在 60~80℃ 时分解，产生苯甲酰自由基，引发聚合：

[2] 若加热过度，甲基丙烯酸甲酯在试管中很快就聚合成坚硬的有机玻璃。但由于加热过快，有机玻璃内存有许多气泡。

[3] 可减少气泡，抑制变色，提高有机玻璃的质量。

五、思考题

1. 合成有机玻璃为何要分段聚合？
2. 甲基丙烯酸甲酯为何要用碱处理？还有哪些单体处理方法，这些方法各有哪些优缺点。

（马育）

实验 3.26 脲醛树脂的合成 （4h）

一、实验目的
1. 学习脲醛树脂合成的原理和方法，从而加深对缩聚反应的理解。
2. 学会电动搅拌器的使用方法。

二、实验原理
脲醛树脂是甲醛和尿素在一定条件下经缩合反应而成。

第一步是加成反应，生成各种羟甲基脲的混合物：

$$H_2NCONH_2 + H-\overset{\overset{\displaystyle H}{|}}{C}=O \longrightarrow \underset{\substack{| \\ C=O \\ | \\ NH_2 \\ \text{一羟甲基脲}}}{HOCH_2NH} \quad \text{或} \quad \underset{\substack{| \\ C=O \\ | \\ NHCH_2OH \\ \text{二羟甲基脲}}}{HOCH_2NH}$$

第二步是缩合反应，即第一步所得产物分子间脱水，得到线型聚合物：

$$\underset{\substack{| \\ C=O \\ | \\ NH \\ | \\ CH_2OH}}{HN}-CH_2-\underset{\substack{| \\ C=O \\ | \\ NH_2}}{N}-CH_2-\underset{\substack{| \\ C=O \\ | \\ NH_2}}{N}-CH_2-\underset{\substack{| \\ C=O \\ | \\ NH \\ | \\ CH_2OH}}{N}\sim\sim\sim$$

缩合可以在亚氨基与羟甲基间脱水进行；也可以在羟甲基与羟甲基间脱水、脱甲醛；或是甲醛与亚氨基间的缩合。由此生成低分子量的线型和低交联度的脲醛树脂。

缩聚中间产物中含有易溶于水的羟甲基，故可作胶黏剂使用。当进一步加热，或者在固化剂作用下，羟甲基与氨基进一步缩合交联，形成复杂的网状体型结构，成为不溶不熔的体型高聚物。

脲醛树脂加入适量的固化剂[1]，便可粘接制件。

三、仪器和试剂
仪器：三颈瓶反应装置（图 3-23），恒温水浴，$50cm^3$ 量筒，pH 试纸，台天平，小试管，玻棒，小木条。

试剂：37％甲醛溶液，尿素，氨水，10％ NaOH，氯化铵。

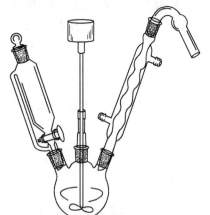

图 3-23　脲醛树脂的合成装置

四、实验内容
在 $250cm^3$ 三颈烧瓶中，分别装上电动搅拌器、水冷凝管和温度计，并把三颈烧瓶置于水浴中。于烧瓶内加入 $30cm^3$ 甲醛溶液（约 37％），启动搅拌器，加入浓氨水（约 $1.5cm^3$）调至 pH＝7.5～8[2]，慢慢加入全部尿素的 95％[3]（约 11.4g），待尿素全部溶解后[4]（稍热至 20～25℃），将水浴缓缓升温至 96～98℃（约需 40min），加入余下尿素的 5％（约 0.6g），保温反应约 1h，在此期间，pH 降到 6～5.5[5]。拆除回流装置，继续在热水浴上加热，并不断搅拌使蒸汽逸出。约 30min 后，溶液黏度明显增大，检查到终点[6]后，降温至 50℃以下，用 10％ NaOH

溶液调至 pH 为 7~8,出料密封于玻璃瓶中。

于 5cm³ 的脲醛树脂中加入适量的氯化铵固化剂,充分搅匀,均匀涂在表面干净的两块平整的小木板条上,然后让其吻合,套上胶圈加压过夜便可粘接牢固。

[注释]

[1] 脲醛树脂作为胶黏剂使用时,要加入适量固化剂。固化剂的作用是与树脂中游离的甲醛反应生成游离的酸,使体系中酸性增强,pH 下降,树脂进一步缩聚成体型网状结构。

$$NH_4Cl + H_2CO \longrightarrow H_2NCH_2OH + HCl$$

常用的固化剂有氯化铵、硫酸铵、硝酸铵等,以氯化铵和硫酸铵为好。固化速度取决于固化剂的性质、用量和固化温度。若用量过多,胶质变脆;过少,则固化时间太长,故于室温下,一般树脂与固化剂的质量比以 100:(0.5~1.2) 为宜。加入固化剂后,应充分调匀。

[2] 混合物的 pH 值不应超过 8~9,以防止甲醛发生 Cannizzaro 反应。

[3] 制备脲醛树脂时,尿素与甲醛的物质的量之比以 1:(1.6~2) 为宜。尿素可一次加入,但以二次加入为好。这样可使甲醛有充分机会与尿素反应,以大大减少树脂中的游离甲醛。

[4] 为了保持一定的温度,需要慢慢加入尿素,否则,一次加入尿素,由于溶解吸热可使温度降至 5~10℃。因此需要迅速加热使其重新达到 20~25℃,这样得到的树脂浆状物不仅有些浑浊而且黏度增高。

[5] 在此期间如发现黏度骤增,出现冻胶,应立即使反应液降温或加入适量的氢氧化钠水溶液,把 pH 调到 7.0,出料。

[6] 树脂是否制成,可用如下方法检查。

a. 用玻棒蘸点树脂,最后两滴迟迟不落,末尾略带丝状,并缩回棒上,则表示已经成胶。

b. 1 份样品加 2 份水,出现浑浊。

c. 取少量树脂放在两手指间试验黏性。在室温时,约 1min 内觉得有一定黏度,则表示已成胶。

五、思考题

安装带有电动搅拌器的装置时要注意哪些问题?

(马育)

第4章 综合实验及设计性实验

实验4.1 用蛋壳制备柠檬酸钙 (4h)

一、实验目的
1. 学会用蛋壳制备柠檬酸钙的方法。
2. 了解钙与人体健康的关系。
3. 树立变废为宝，资源综合利用的意识。

二、实验原理
钙是人体内的常量元素之一，也是人体内较易缺乏的无机元素之一。一般人体内钙约占体重的 2%，它对人类的健康、少年儿童身体发育和各种生理活动，均具有极其重要的作用。柠檬酸钙因较其他补钙品在溶解度、酸碱性等技术指标方面，更具安全性和可靠性，作为新一代钙源，正成为食品类补钙品的首选对象，在糕点、饼干中用作营养强化剂。

蛋壳中含 $CaCO_3$ 93%，$MgCO_3$ 1.0%，$Mg_3(PO_4)_2$ 2.8%，有机物 3.2%，是一种天然的优质钙源。以鸡蛋壳为原料，采用酸碱中和法制备柠檬酸钙，具有产品收率高、质量好、不含有毒组分（重金属离子等）、反应工艺简单等优点。

主要反应式有：

$$CaCO_3(蛋壳) \xrightarrow{高温煅烧} CaO + CO_2 \uparrow$$

$$CaO + H_2O \longrightarrow Ca(OH)_2$$

$$2C_6H_8O_7 \cdot H_2O + 3Ca(OH)_2 \longrightarrow Ca_3(C_6H_5O_7)_2 \cdot 4H_2O(柠檬酸钙) + 4H_2O$$

三、仪器与试剂
仪器：马弗炉，电子天平，电热恒温干燥箱，磁力加热搅拌器，$30cm^3$ 蒸发皿，$100cm^3$ 烧杯等。

试剂：柠檬酸溶液（50%），盐酸标准溶液（$0.5000mol \cdot dm^{-3}$），蔗糖（分析纯），酚酞指示剂。

四、实验内容
1. 氧化钙的制取

称取洗净的干燥蛋壳 10g 于蒸发皿中，稍加压碎后，送入马弗炉中，于 900~1000℃，煅烧分解 1~2h，蛋壳即转变为白色的蛋壳粉（氧化钙），称重并在步骤 3 中测定有效氧化钙的含量。

2. 柠檬酸钙的制备

将前面制得的氧化钙研细，称取 2g 于 $100cm^3$ 烧杯中，加入 $40cm^3$ 蒸馏水制成石灰乳，放到磁力加热搅拌器上，在不断搅拌下，分批加入 50% 的柠檬酸溶液 $10cm^3$，温度稳定在 60℃，反应约 1h。将产物减压过滤，用少量蒸馏水洗滤饼，在干燥箱中烘干，称重，观察产品颜色。

3. 蛋壳粉有效氧化钙含量的测定

准确称取 0.4000g 研成细粉的试样，置于 250cm³ 带塞锥形瓶中，加入 4g 蔗糖，再加入新煮沸并已冷却的蒸馏水 40cm³，放到磁力搅拌器上搅拌 15min 左右，以酚酞为指示剂，用浓度为 0.5000mol·dm⁻³ 的盐酸标准溶液滴定至终点，按下式计算有效氧化钙的百分含量：

$$w(\text{CaO}) = \frac{0.02804c(\text{HCl})V}{m} \times 100\%$$

式中，$c(\text{HCl})$ 为盐酸标准溶液的浓度，mol·dm⁻³；V 为滴定消耗盐酸标准溶液的体积，cm³；m 为试样质量，g；0.02804 为与 1cm³ 的 1mol·dm⁻³ 盐酸相当的氧化钙量，g·mmol⁻¹。

五、实验数据的记录及处理

1. 氧化钙的质量＝＿＿＿＿＿ g。

2. 柠檬酸钙的质量＝＿＿＿＿ g，产率＝＿＿＿＿＿%。

3. 盐酸标准溶液的浓度 $c(\text{HCl})$＝＿＿＿＿＿ mol·dm⁻³；

氧化钙试样质量 m＝＿＿＿＿ g；

滴定消耗盐酸标准溶液的体积 V＝＿＿＿＿＿ cm³；

蛋壳粉有效 CaO 含量＝＿＿＿＿%。

六、思考题

1. 查阅相关资料，进一步了解钙与人体健康的关系。

2. 通过实验，你认为用此方法制取柠檬酸钙在工业上是否可行？

（饶晓蓓）

实验 4.2　水泥熟料中 Fe₂O₃ 和 Al₂O₃ 的连续测定（4h）

一、实验目的

1. 了解水泥样品的溶样方法。

2. 进一步掌握配位滴定的原理，尤其是通过控制溶液酸度、温度和选择适当的指示剂的方法。

3. 掌握配位滴定的直接滴定、返滴定法及其各自的分析结果的计算方法。

4. 掌握水浴加热、沉淀、过滤、洗涤等操作技术。

二、实验原理

水泥熟料是生料混合物经过 1400℃ 以上高温煅烧而成，其主要成分为 SiO₂、CaO、Fe₂O₃、Al₂O₃ 四种氧化物，其含量分别为 18%～24%、60%～67%、2.0%～5.5%、4.0%～9.5%，总含量占水泥熟料的 95% 以上。一般硅酸盐水泥、碱性炉渣水泥等可采用酸分解法，其他种类的水泥则需用碱熔融法分解。通过熟料分析，可以检验熟料质量和烧成情况的好坏，根据分析结果，可及时调整原料配比以控制生产。

普通硅酸盐水泥用盐酸分解时生成硅酸和可溶性氯化物。硅酸是一种很弱的无机酸，在水溶液中绝大部分以溶胶状态存在，其化学式以 SiO₂·nH₂O 表示，有很强的吸附作用，可能会使 Fe、Al 等组分的测量值偏低。所以，采用氯化铵凝聚法处理样品时，要先加入足够量的固体 NH₄Cl 与试样充分混匀，再加入少量浓盐酸加热分解试样，这样，反应是在含有大量电解质的小体积溶液中进行，绝大部分硅酸水溶胶可以迅速脱水成水凝胶析出，吸附量会较少，沉淀比较纯净和完全。试样中若含有 FeO，可加数滴浓硝酸，使 Fe^{2+} 氧化成 Fe^{3+}。

试样分解完全后，加适量的水溶解可溶性盐类，过滤，则水泥熟料中的铁和铝等组分以 Fe^{3+}、Al^{3+} 等组分离子形式存在于滤液中，它们均可以与 EDTA 形成稳定的络离子且稳定性有显著的不同。其中，$\lg K(FeY) = 25.1$，$\lg K(MgY) = 16.1$。由于 $\lg K(FeY) - \lg K(MgY) = 25.1 - 16.1 = 9.0 > 5$，所以，测定熟料中的 Fe^{3+}、Al^{3+} 时，可通过控制溶液酸度，先后测定 Fe^{3+}、Al^{3+}，共存的 Ca^{2+}、Mg^{2+} 也不会干扰测定。

Fe^{3+} 与 EDTA 络合完全的最低 pH 为 0.8，但此 pH 时无适合的指示剂，因此可控制溶液 pH 为 2.0～2.5，以磺基水杨酸（ssal）为指示剂（本身为无色），用 EDTA 标准溶液滴定，溶液由紫红色变为淡黄色（Fe-EDTA 的颜色）或无色（如 Fe^{3+} 含量较低时）即为终点。滴定时若溶液的 pH > 2.5，则 Al^{3+} 也能与 EDTA 络合，使滴定铁的结果偏高，同时 Fe^{3+} 也可能水解形成红棕色 $Fe(OH)_3$ 沉淀；若溶液的 pH < 1.5，则 Fe^{3+} 络合不完全，使结果偏低。滴定时的温度必须在 60～70℃，终点才比较明显。若温度太低，滴定速度又较快，则由于终点前，EDTA 与 Fe-ssal 的置换反应速率缓慢，容易使滴定过量；而温度太高，超过 75℃ 时，又可能导致终点不稳定且 Al^{3+} 也有可能与 EDTA 反应，从而使得 Fe_2O_3 的测定结果偏高而 Al_2O_3 的结果偏低。

滴定 Al^{3+} 时应控制溶液的酸度范围为 pH 在 4～5，由于 Al^{3+} 与 EDTA 的反应进行较慢，所以，一般采用返滴定法，即先加入过量的 EDTA 标准溶液，并加热煮沸，使 Al^{3+} 与 EDTA 充分反应，然后以 PAN 为指示剂，用 $CuSO_4$ 标准溶液滴定过量的 EDTA，从而计算出铝的含量。Al-EDTA 配合物是无色的，PAN 指示剂在测定条件（pH ≈ 4.3）下为黄色，所以滴定开始前溶液为黄色，滴入的 Cu^{2+} 先与过量的 EDTA 形成淡蓝色的 Cu-EDTA 配合物，随着 $CuSO_4$ 标准溶液的不断滴入，溶液的颜色将逐渐由黄变绿。当过量的 EDTA 与 Cu^{2+} 反应完全后，稍微过量的 Cu^{2+} 即与 PAN 形成深红色的配合物，由于黄色的 Cu-EDTA 的存在，所以终点颜色应呈紫红色。

滴定过程的主要反应如下：

$$Al^{3+} + H_2Y^{2-} \Longleftrightarrow \underset{\text{无色}}{AlY^-} + 2H^+$$

$$H_2Y^{2-} + Cu^{2+} \Longleftrightarrow \underset{\text{蓝色}}{CuY^{2-}} + 2H^+$$

$$Cu^{2+} + \underset{\text{黄色}}{PAN} \longrightarrow \underset{\text{深红色}}{Cu\text{-}PAN}$$

三、试剂

氯化铵固体（A. R.）；盐酸（$\rho = 1.1 \text{g} \cdot \text{cm}^{-3}$，A. R.）及 1+1、3+97 溶液；浓硝酸（$\rho = 1.42 \text{g} \cdot \text{cm}^{-3}$）；10% NH_4SCN 溶液；0.05% 溴甲酚绿指示剂；氨水（1+1）；磺基水杨酸指示剂［10% 水溶液（m/V）］；

乙酸-乙酸钠缓冲溶液（pH 为 4.3）：将 42.3g 无水乙酸钠溶于水中，加 80cm³ 冰乙酸，然后用水稀释至 1dm³，摇匀；

1-(2-吡啶偶氮)-2-萘酚（简称 PAN）指示剂［0.2% 乙醇溶液（m/V）］；

EDTA 标准溶液（$c_{EDTA} = 0.01000 \text{mol} \cdot \text{dm}^{-3}$，EDTA 经标定后的准确浓度由实验室提供）；

硫酸铜标准溶液（$c_{CuSO_4} = 0.01000 \text{mol} \cdot \text{dm}^{-3}$）：将 2.6g 硫酸铜（$CuSO_4 \cdot 5H_2O$）溶

于少量水中，加 4～5 滴 1＋1 硫酸，用水稀释至 $1dm^3$，摇匀。

四、实验内容

1. 试样的溶解

准确称取水泥熟料 0.5g 左右，置于干燥的 $50cm^3$ 小烧杯中，加 3～4g 固体氯化铵，用平头玻璃棒混合均匀。盖上表面皿，沿杯口滴加 $3cm^3$ 浓盐酸和浓硝酸 4～5 滴，仔细搅拌均匀，使试样充分分解。将烧杯置于沸水浴上，杯上放一个玻璃三角架，再盖上表面皿，蒸发至近干（约需要 20min，切不可将烧杯放在加热装置上直接加热），取下，加 $10cm^3$ 热的稀盐酸（3＋97），搅拌，使可溶性盐类溶解[1]，以中速定量滤纸过滤，用淀帚以热的稀盐酸（3＋97）擦洗玻璃棒及烧杯，并洗涤沉淀至洗涤液中不含 Fe^{3+} 为止。Fe^{3+} 可用 NH_4SCN 溶液检验[2]，一般来说，洗涤 10 次即可达不含 Fe^{3+} 的要求。滤液及洗涤液保存在 $250cm^3$ 容量瓶中，并用去离子水稀释至刻度，摇匀，供测定铁、铝用[3]。

2. Fe^{3+} 的测定

准确吸取上一步得到的容量瓶中溶液 $50cm^3$ 于 $400cm^3$ 烧杯中，加 2 滴 0.05％溴甲酚绿指示剂[4]（溴甲酚绿指示剂在 pH 小于 3.8 时呈黄色，大于 5.4 时呈绿色），此时溶液呈黄色。逐滴加入 1＋1 氨水，使之呈绿色。然后再用 1＋1 盐酸溶液调节溶液酸度至呈黄色后再过量 3 滴，此时溶液酸度 pH≈2。加热至约 70℃[5]，取下，加 6～8 滴[6] 10％磺基水杨酸，以 0.010mol·dm^{-3} EDTA 标准溶液滴定。滴定开始时溶液呈紫红色，滴定速度放慢，一定要每加一滴使劲摇，然后再加一滴，直至滴到溶液变为淡黄色或无色即为终点。滴得太快，EDTA 容易多加，这样不仅会使 Fe^{3+} 的结果偏高，同时还有可能会使 Al^{3+} 的结果偏低。

3. Al^{3+} 的测定

在滴定 Fe^{3+} 后的溶液中，加入 0.010mol·dm^{-3} EDTA 标准溶液约 $20cm^3$[7]，记下读数，摇匀。然后再加入 $15cm^3$ pH 为 4.3 的乙酸-乙酸钠缓冲溶液[8]，以精密 pH 试纸检查。煮沸 1～2min，取下，冷却至 90℃ 左右，加入 4 滴 0.2％的 PAN 指示剂，以 0.010mol·dm^{-3} $CuSO_4$ 标准溶液滴定。开始时溶液呈黄色，随着 $CuSO_4$ 标准溶液的加入，颜色逐渐变绿并加深，直至再加一滴突然变紫，即为终点。在变紫色之前，可能有由蓝绿色变灰绿色的过程。在灰绿色溶液中再加一滴 $CuSO_4$ 溶液，即变为紫色。

[注释]

[1] 此处以热的稀盐酸溶解残渣是为了防止 Fe^{3+} 和 Al^{3+} 水解成氢氧化物沉淀而混在硅酸中，以防止硅酸胶溶。

[2] Fe^{3+} 与 NH_4SCN 反应生成血红色的 $Fe(SCN)_3$。

[3] 分离 SiO_2 后的滤液要节约使用（例如清洗移液管时，取用少量此溶液，最好用干燥的移液管），尽可能多保留一些溶液，以便必要时用以重复滴定。

[4] 溴甲酚绿不宜多加，如加多了，黄色的底色深，在铁的滴定中，对准确观察终点的颜色变化有影响。

[5] 注意防止剧烈沸腾，否则 Fe^{3+} 会水解形成氢氧化铁使实验失败。

[6] 磺基水杨酸与 Al^{3+} 有络合作用，不宜多加。

[7] 此数值根据水泥熟料中 Al_2O_3 的大致含量以及试样的称取量进行粗略计算得出。此处加入 $20cm^3$ EDTA 标准溶液，约过量 $10cm^3$。

[8] Al^{3+} 在 pH＝4.3 的溶液中会产生沉淀，因此必须先加 EDTA 标准溶液，然后再加 HAc-NaAc 缓冲溶液并加热，这样使在溶液的 pH 达 4.3 之前，部分 Al^{3+} 已络合成 Al-ED-

TA 络合物，从而降低 Al^{3+} 的浓度，以免 Al^{3+} 水解而形成沉淀。

五、思考题

1. 滴定 Fe^{3+} 的 pH 条件为多少？使用何种指示剂？滴定为什么在热溶液中进行？滴定时溶液的颜色变化是由紫红色到黄色，黄色是什么物质的颜色？

2. 在 Al^{3+} 的测定中，为什么要先加入 EDTA 标准溶液，然后再加入 HAc-NaAc 缓冲溶液控制溶液 pH 在 4.3 左右？

（柳军）

实验 4.3　硫酸亚铁铵的制备及纯度检验（4h）

一、实验目的

1. 学习复盐 $(NH_4)_2SO_4 \cdot FeSO_4 \cdot 6H_2O$ 的制备方法。
2. 熟练掌握水浴加热、过滤、蒸发、结晶等基本无机制备操作。
3. 了解用目测比色法检验产品的质量等级。

二、实验原理

硫酸亚铁铵 $[(NH_4)_2SO_4 \cdot FeSO_4 \cdot 6H_2O]$ 商品名为莫尔盐，为浅蓝绿色单斜晶体。一般亚铁盐在空气中易被氧化，而硫酸亚铁铵在空气中比一般亚铁盐要稳定，不易被氧化，并且价格低，制造工艺简单，容易得到较纯净的晶体，因此应用广泛。在定量分析中常用来配制亚铁离子的标准溶液。

和其他复盐一样，$(NH_4)_2SO_4 \cdot FeSO_4 \cdot 6H_2O$ 在水中的溶解度比组成它的每一组分 $FeSO_4$ 或 $(NH_4)_2SO_4$ 的溶解度都要小。利用这一特点，可通过蒸发浓缩 $FeSO_4$ 与 $(NH_4)_2SO_4$ 溶于水所制得的浓混合溶液制取硫酸亚铁铵晶体。三种盐的溶解度数据列于表 4-1。

表 4-1　三种盐的溶解度　　　　　　　　　　　单位：$g \cdot (100g\ H_2O)^{-1}$

温度/℃	$FeSO_4$	$(NH_4)_2SO_4$	$(NH_4)_2SO_4 \cdot FeSO_4 \cdot 6H_2O$
10	20.0	73	17.2
20	26.5	75.4	21.6
30	32.9	78	28.1

本实验先将铁屑溶于稀硫酸生成硫酸亚铁溶液：

$$Fe + H_2SO_4 \Longrightarrow FeSO_4 + H_2 \uparrow$$

再往硫酸亚铁溶液中加入硫酸铵并使其全部溶解，加热浓缩制得混合溶液，再冷却即可得到溶解度较小的硫酸亚铁铵晶体。

$$FeSO_4 + (NH_4)_2SO_4 + 6H_2O \Longrightarrow (NH_4)_2SO_4 \cdot FeSO_4 \cdot 6H_2O$$

用目视比色法可估计产品中所含杂质 Fe^{3+} 的量。Fe^{3+} 与 SCN^- 能生成红色物质 $[Fe(SCN)]^{2+}$，红色深浅与 Fe^{3+} 相关。将所制备的硫酸亚铁铵晶体与 KSCN 溶液在比色管中配制成待测溶液，将它所呈现的红色与含一定量 Fe^{3+} 所配制成的标准 $[Fe(SCN)]^{2+}$ 溶液的红色进行比较[1]，确定待测溶液中杂质 Fe^{3+} 的含量范围，确定产品等级。

三、仪器和试剂

仪器：台天平，锥形瓶，水浴锅，减压过滤装置，蒸发皿，比色管，烧杯等。

试剂：Na_2CO_3（10%），KSCN（$1mol \cdot dm^{-3}$），Fe^{3+} 标准溶液，H_2SO_4（$3mol \cdot dm^{-3}$），$(NH_4)_2SO_4(s)$，铁屑，95%乙醇，pH 试纸。

四、实验内容

1. 铁屑的净化

用台天平称取 2.0g 铁屑，放入锥形瓶中，加入 $15cm^3$ 10% Na_2CO_3 溶液，小火加热煮沸约 10min 以除去 Fe 屑上的油污，倾去 Na_2CO_3 碱液，用自来水冲洗后，再用去离子水把铁屑冲洗干净。

2. $FeSO_4$ 的制备

往盛有铁屑[2]的锥形瓶中加入 $15cm^3$ $3mol \cdot dm^{-3}$ H_2SO_4，水浴加热至不再有气泡放出[3]，趁热减压过滤，用少量热水洗涤锥形瓶及漏斗上的残渣，抽干。将滤液转移至洁净的蒸发皿中，将留在锥形瓶内和滤纸上的残渣收集在一起用滤纸片吸干后称重，由已经反应的铁屑质量算出溶液中生成的 $FeSO_4$ 的量。

3. $(NH_4)_2SO_4 \cdot FeSO_4 \cdot 6H_2O$ 的制备

根据溶液中 $FeSO_4$ 的量，按反应方程式计算并称取所需 $(NH_4)_2SO_4$ 固体的质量[4]，加入上述制得的 $FeSO_4$ 溶液中。水浴加热，搅拌使 $(NH_4)_2SO_4$ 全部溶解，并用 $3mol \cdot dm^{-3}$ H_2SO_4 溶液调节至 pH 为 1~2，继续在水浴上[5]蒸发、浓缩[6]至表面出现结晶薄膜为止。静置，使之缓慢冷却，$(NH_4)_2SO_4 \cdot FeSO_4 \cdot 6H_2O$ 晶体析出，减压过滤除去母液，并用少量 95% 乙醇洗涤晶体，抽干[7]。将晶体取出，摊在两张吸水纸之间，轻压吸干。

观察晶体的颜色和形状。称重，计算产率。

4. 产品检验 [Fe(Ⅲ) 的限量分析]

产品的主要杂质是 Fe^{3+}，利用 Fe^{3+} 与硫氰化钾形成血红色配离子 $[Fe(SCN)_n]^{3-}$ 颜色的深浅，用目视比色法可确定其含 Fe^{3+} 的级别（见表 4-2）。

表 4-2 Fe(Ⅲ) 标准溶液的显色分级

级别	一	二	三	四
含 Fe^{3+} 量/mg	0.050	0.10	0.15	0.20

在小烧杯中称取 1g 产品（称准至 0.10g），用少量不含氧的蒸馏水溶解后，转移至 $25cm^3$ 比色管中，再加 $1cm^3$ $3mol \cdot dm^{-3}$ H_2SO_4 和 $2cm^3$ $1mol \cdot dm^{-3}$ KSCN 溶液，继续加不含氧气的蒸馏水[8]至 $25cm^3$ 刻度，摇匀，与 Fe(Ⅲ) 标准溶液的显色结果对照比色，确定产品中杂质 Fe^{3+} 含量所达的级别，算出产品中 Fe^{3+} 的百分含量范围。

[注释]

[1] 标准色阶溶液的配制（当天配好）：

依次用吸量管吸取每毫升含 Fe^{3+} 0.01mg 的标准溶液 $5.00cm^3$、$10.0cm^3$、$15.0cm^3$、$20.0cm^3$ 分别加到 4 支 $25cm^3$ 的比色管中，各加入 $1cm^3$ $3mol \cdot dm^{-3}$ H_2SO_4 和 $2cm^3$ $1mol \cdot dm^{-3}$ KSCN 溶液，用蒸馏水稀释至刻度，摇匀。

[2] 不必将所有铁屑溶解完，实验时溶解大部分铁屑即可。

[3] 酸与铁屑反应时要注意分次补充少量水，以防止 $FeSO_4$ 析出。

[4] $(NH_4)_2SO_4$ 的用量按计算量称取。

[5] 硫酸亚铁铵的制备：加入硫酸铵后，应搅拌使其溶解后再往下进行。使用水浴加热，防止失去结晶水。

[6] 蒸发浓缩初期要不停搅拌，但要注意观察晶膜，一旦发现晶膜出现即停止搅拌。

[7] 最后一次抽滤时，注意将滤饼压实，不能用蒸馏水或母液洗晶体。

[8] 不含氧的蒸馏水的制取：将蒸馏水小火煮沸约 10min，驱除水中所溶解的氧，盖好

冷却后备用。

五、思考题

1. 本实验采取了什么措施防止 Fe^{2+} 被氧化？如果你的产品含 Fe^{3+} 较多，请分析原因。

2. 在铁与硫酸反应、蒸发浓缩溶液时，为什么采用水浴加热？

3. 进行产品含 Fe^{3+} 的限量分析时，为什么要用不含氧气的蒸馏水溶解产品？

4. 怎样才能得到较大的晶体？可用实验证实你的想法。

5. 如果要配制每毫升含 Fe^{3+} 0.1mg 的溶液 $1dm^3$，需称取多少硫酸高铁铵 $NH_4Fe(SO_4)_2 \cdot 12H_2O$？[提示：482.28g $NH_4Fe(SO_4)_2 \cdot 12H_2O$ 含 Fe^{3+} 55.85g]。

（牟元华）

实验 4.4 沉淀的相互转化及含铬废水的处理（3h）

一、实验目的

1. 培养、训练自行设计实验方案的能力。

2. 综合运用难溶强电解质的沉淀-溶解平衡、配位平衡、电极电势等相关理论，提高分析、解决实际问题的能力。

二、实验原理

1. 根据实验内容，运用学过的理论知识确定实验方案，拟订具体实验步骤。

2. 查阅有关的难溶强电解质的溶度积、配合物的稳定常数，根据实验说明难溶强电解质、配合物的转化规律。

3. 掌握利用氧化还原反应和中和沉淀处理含铬废水的基本方法。

三、仪器和试剂

仪器：722 型分光光度计（或 721 型分光光度计），比色管（$25cm^3$），酸度计（或 pH 试纸），刻度移液管（$5cm^3$），移液管（$10cm^3$），烧杯（$500cm^3$，$250cm^3$），容量瓶（$1000cm^3$，$100cm^3$，$50cm^3$），量筒（$100cm^3$，$10cm^3$），漏斗，台天平，漏斗架，试管，玻棒，滤纸，酒精灯，滴管。

试剂：$AgNO_3$（$0.1mol \cdot dm^{-3}$），$NaCl$（$0.1mol \cdot dm^{-3}$），KBr（$0.1mol \cdot dm^{-3}$），KI（$0.1mol \cdot dm^{-3}$），$NH_3 \cdot H_2O$（$6mol \cdot dm^{-3}$），Na_2S（$0.1mol \cdot dm^{-3}$），$Na_2S_2O_3$（$1mol \cdot dm^{-3}$ 及饱和），H_2SO_4（50%，$3mol \cdot dm^{-3}$），H_3PO_4（50%），$Ca(OH)_2$（饱和），铬标准溶液[1]（$0.50mg \cdot dm^{-3}$），二苯碳酰二肼-丙酮溶液[2]，含铬废液[3]（$1.0g \cdot dm^{-3}$），$FeSO_4 \cdot 7H_2O$（s）。

四、实验内容

1. 自拟方案，通过配合物与难溶强电解质沉淀间的相互转化的实验证实：

$$K_{sp}(AgCl) > K_{sp}(AgBr) > K_{sp}(AgI) > K_{sp}(Ag_2S)$$

$$K_{稳}\{Ag(S_2O_3)_2^{3-}\} > K_{稳}\{Ag(NH_3)_2^+\}$$

实验提示：$NH_3 \cdot H_2O$ 可溶解 AgCl 沉淀；不同浓度的 $Na_2S_2O_3$ 可分别溶解 AgBr 沉淀及 AgI 沉淀，但不能溶解 Ag_2S 沉淀。

2. 现有含六价铬 $1.0g \cdot dm^{-3}$ 的工业废水，请自行设计实验方案，采用化学法将含铬废水中的铬除去，使水中六价铬含量小于 $0.50mg \cdot dm^{-3}$，达到工业废水排放标准；若水中六价铬含量小于 $0.05mg \cdot dm^{-3}$，则达到生活饮用水水质标准（GB 5749—85）。

五、实验提示

1. 六价铬在强酸性条件下可以与 Fe^{2+} 反应，转化为 Cr^{3+}，然后再利用沉淀法可将 Cr^{3+} 转化为 $Cr(OH)_3$ 沉淀，从而除去废水中的铬；但是如果溶液的 pH 太低会影响沉淀的生成 [pH 最好控制在 1.0~2.0，$K_{sp}\{Cr(OH)_3\}=6.3\times10^{-31}$]。

2. 六价铬的检查

(1) 六价铬的定性检测方法

在酸性介质中，六价铬与二苯碳酰二肼生成特征的紫红色化合物，六价铬浓度越大，颜色越深。

工业废水排放标准色的配制　取 $20cm^3$ $0.50mg\cdot dm^{-3}$ 铬标准溶液于 $25cm^3$ 比色管中，加入 50％磷酸和 50％硫酸各 3 滴，加 0.2％二苯碳酰二肼-丙酮溶液 $1cm^3$，再加蒸馏水至 $25cm^3$，观察颜色变化。以此为基准，作废水处理效果的衡量（现用现配）。

生活饮用水水质标准色的配制　取 $2.00cm^3$ $0.50mg\cdot dm^{-3}$ 铬标准溶液于 $25cm^3$ 比色管中，加入 50％磷酸和 50％硫酸各 3 滴，加 0.2％二苯碳酰二肼-丙酮溶液 $1cm^3$，再加蒸馏水至 $25cm^3$，观察颜色变化。以此为基准，作废水处理效果的衡量（现用现配）。

废液中六价铬的处理效果衡量：取处理后废液 $20cm^3$ 于 $25cm^3$ 比色管中，加入 50％磷酸和 50％硫酸各 3 滴，加 0.2％二苯碳酰二肼-丙酮溶液 $1cm^3$，再加蒸馏水至 $25cm^3$，观察颜色并与上述标准色比较（如果溶液颜色比标准色浅，说明就能达到上述排放标准），判断是否达到相应标准。

(2) 六价铬的分光光度定量测定方法

① 绘制标准曲线：用移液管分别吸取 0，$0.50cm^3$，$1.00cm^3$，$2.00cm^3$，$3.00cm^3$，$4.00cm^3$ 和 $5.00cm^3$ 铬标准贮备溶液于 7 支 $25cm^3$ 的比色管中，均用水稀释至 $20cm^3$ 左右，加入 50％磷酸和 50％硫酸各 3 滴，加入 0.2％二苯碳酰二肼-丙酮溶液 $1cm^3$ 立刻摇匀，分别用水稀释至标线，摇匀，5~10min 后，采用 1cm 比色皿，以试剂溶液作参比，在 540nm 处，用分光光度计分别测定其吸光度，将测定结果在坐标纸上绘制出六价铬含量标准曲线。

② 测定含铬废液的六价铬含量：准确吸取含铬废液 $1.00cm^3$ 于 $1000cm^3$ 容量瓶中，用水稀释至刻度，再准确吸取此稀释液 $2.00cm^3$ 于 $25cm^3$ 比色管中，加入 50％磷酸和 50％硫酸各 3 滴，加 0.2％二苯碳酰二肼-丙酮溶液 $1cm^3$，然后用水稀释至 $25cm^3$。用 1cm 比色皿，以试剂溶液作参比，于 540nm 处在分光光度计上测定上述稀释液的吸光度，再根据所绘制的标准曲线推算出含铬废液中六价铬的含量。

测定处理后废液中六价铬含量：取处理后废液 $20cm^3$ 于 $25cm^3$ 比色管中，加入 50％磷酸和 50％硫酸各 3 滴，加 0.2％二苯碳酰二肼-丙酮液 $1cm^3$，再加蒸馏水至 $25cm^3$，按前述方法测定其吸光度，从标准曲线上查出六价铬的含量，确定是否已达到低于 $0.50mg\cdot dm^{-3}$ 的工业废水排放标准或低于 $0.05mg\cdot dm^{-3}$ 的生活饮用水水质标准。

[注释]

[1] 称取 0.2829g 已于 110℃干燥过 2h 的 $K_2Cr_2O_7$，用水溶解后移入 $1000cm^3$ 容量瓶中，加水稀释至刻度，摇匀，再取 $10cm^3$ 此溶液稀释至 $1000cm^3$，摇匀，即得 $1dm^3$ 含六价铬 1mg 的铬标准贮备溶液。

[2] 称取 0.20g 二苯碳酰二肼，溶于 $50cm^3$ 丙酮中，加水稀释至 $100cm^3$，摇匀，用棕色瓶盛装，存放冰箱中，应现用现配。

[3] 用 $K_2Cr_2O_7$ 或 CrO_3 配制，若取工业废水应进行过滤等预处理。

（王孝华）

实验 4.5 以铝箔、铝制饮料罐为原料制备氢氧化铝（4h）

一、实验目的
1. 了解用废铝制备氢氧化铝的方法。
2. 增强废物综合利用的环境保护意识。
3. 学习查阅资料、设计实验方案的能力。

二、实验原理
铝是活泼金属，延展性好，可加工成极薄的薄膜。现代食品、香烟等包装内衬很多用铝箔，饮料罐多用薄铝制造。如果回收这些废物，可获得一定的效益，若抛弃，不仅造成资源浪费，而且导致环境污染。大量的铝离子进入人体能毒害神经，甚至导致痴呆。大量铝的废料可以用熔炼的方法回收成金属铝，而对于零散的铝制品包装袋之类，可以采用化学方法制成化学试剂 $Al(OH)_3$、$Al_2(SO_4)_3$ 等。

$Al(OH)_3$ 为白色沉淀，难溶于水（$K_{sp}=1.3\times10^{-33}$）。$Al(OH)_3$ 为两性氢氧化物，新鲜制备的 $Al(OH)_3$ 既可溶于酸也可溶于碱，但随时间的推移其溶解能力下降，直至不溶。$Al(OH)_3$ 主要用于制备各种铝盐及三氧化二铝，经一定处理后还能作为吸附剂、阻燃剂等。

本实验用人们在生活中大量废弃的铝制品为原料，将其转变为 $Al(OH)_3$，达到废物回收利用的目的。

由金属铝制备氢氧化铝的方法很多，其中一种比较简单、副反应较少的是采用铝酸盐法制备氢氧化铝。其原理为：金属铝与 NaOH 溶液反应，产生铝酸盐。其反应式如下：

$$2Al+2NaOH(aq)+6H_2O \longrightarrow 2Na[Al(OH)_4](aq)+3H_2(g)$$

在铝酸盐溶液中加入 NH_4HCO_3 的饱和溶液（或通入 CO_2），即有 $Al(OH)_3$ 沉淀析出：

$$2Na[Al(OH)_4](aq)+NH_4HCO_3(aq)\longrightarrow Na_2CO_3(aq)+2Al(OH)_3(s)+NH_3(g)+2H_2O$$
$$2Na[Al(OH)_4](aq)+CO_2(g)\longrightarrow Na_2CO_3(aq)+2Al(OH)_3(s)+H_2O$$

经减压过滤、洗涤、干燥，得产品。

三、仪器与试剂
仪器：台秤，烧杯，布氏漏斗，吸滤瓶，称量瓶，电子天平，酸式滴定管。

试剂：NaOH（$3mol\cdot dm^{-3}$），HNO_3（$2mol\cdot dm^{-3}$），HCl（1∶1），氨水（1∶1），锌标准溶液与 EDTA 标准溶液（$0.02mol\cdot dm^{-3}$，准确浓度均由实验室提供），六亚甲基四胺溶液（20%水溶液），二甲酚橙指示剂（0.2%水溶液）。

四、实验内容
1. 如果采用铝箔，则先把香烟铝箔用水浸泡，剥去白纸；用废易拉罐则将其外面用砂纸打磨，用热的 Na_2CO_3 溶液洗涤后，再用自来水、去离子水冲洗干净，剪成细条待用。

2. 称量剪细的铝屑 5g，分次少量地加入到 $50cm^3$、$3mol\cdot dm^{-3}$ 的 NaOH 溶液中（由于强烈放热和释放 H_2，实验应在通风橱中进行，并远离火源），反应结束后过滤。

3. 滤液稀释至 $200cm^3$，在搅拌下逐渐加入 $2mol\cdot dm^{-3}$ 的 HNO_3 溶液直至中性，过滤析出的 $Al(OH)_3$ 沉淀，洗涤、干燥，得到产品 $Al(OH)_3$。

4. 用 EDTA 返滴定法测定产品中的铝含量。

参考方法如下：

（1）准确称取 0.8g 左右产品，加入 HCl（1∶1）$8cm^3$，加水至 $40cm^3$，煮沸。冷却后过滤，并用水洗涤沉淀。收集滤液及洗涤液于 100cm³ 容量瓶中，用水稀释至标线，摇匀，制成试液。

（2）准确移取上述试液 5.00cm³ 于 250cm³ 锥形瓶中，加水至 25cm³ 左右。准确加入 0.02mol·dm⁻³ EDTA 溶液 25.00cm³，摇匀。加入二甲酚橙指示剂 2 滴，滴加氨水（1∶1）至溶液恰呈紫红色，然后滴加 HCl(1∶1)2 滴。将溶液煮沸 3min 左右，冷却，加入 20% 六亚甲基四胺溶液 10cm³，使溶液 pH 为 5～6。再加入二甲酚橙指示剂 2 滴，用锌标准溶液滴至黄色突变为红色。根据 EDTA 加入量与锌标准溶液滴定体积，计算铝含量。

五、结果与讨论

1. 计算 Al(OH)₃ 产率及纯度，讨论提高产品质量和产率的措施。
2. 所制产品 Al(OH)₃ 应为白色无定形粉末，能溶于强酸、强碱，符合工业级标准。Al(OH)₃ 工业级标准列于表 4-3。

表 4-3　Al(OH)₃ 的工业级标准

项　　目	Al(OH)₃	H₂O	Cl⁻	SO₄²⁻
质量分数/%	≥98	≤1.2～1.8	≤0.2	≤0.1

六、思考题

能否用 EDTA 直接滴定产品中的铝含量？为什么？

（柳军）

实验 4.6　活性炭固载三氯化铁催化合成乙酸异戊酯 （6h）

一、实验目的

1. 掌握乙酸异戊酯固相催化合成原理及分水作用。
2. 培养综合运用蒸馏、回流、分液、干燥等有机合成技术的能力及分析研究能力。

二、实验原理

乙酸异戊酯为无色透明液体，相对密度 0.8670(20℃ 的酯相对于 4℃ 的水，20/4℃)，沸点 142℃，折射率 1.4003，具有强烈的果香味，有香蕉油的美称，是我国允许使用的合成食用香料。工业上用作无烟火药、醇酸树脂清漆、硝酸纤维素、氯丁橡胶、印刷油墨等的溶剂，铬的测定，摄影、印染用溶剂，铁、钴、镍的萃取剂，是一种应用广泛的精细有机化工产品。对于乙酸异戊酯的合成，传统的方法是用浓硫酸作催化剂，由乙酸和异戊醇反应而得。但硫酸有脱水、氧化、磺化、异构化作用，生成众多副产物，产物后处理工艺复杂，污水排放量大，且严重腐蚀设备。三氯化铁同样可以催化乙酸异戊酯的反应，以活性炭固载三氯化铁作为催化剂更具有产品易于分离，催化剂易于制备，并可回收再利用等特点，是浓硫酸的良好替代品。本实验将采用活性炭固载三氯化铁催化合成乙酸异戊酯。

合成反应式：

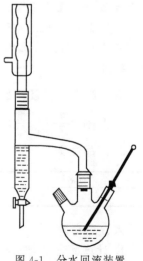

图 4-1　分水回流装置

$$CH_3COOH + (CH_3)_2CHCH_2CH_2OH \xrightarrow{催化剂} CH_3COOCH_2CH_2CH(CH_3)_2 + H_2O$$

副反应：

$$2(CH_3)_2CHCH_2CH_2OH \underset{}{\overset{H^+}{\rightleftharpoons}} (CH_3)_2CHCH_2CH_2OCH_2CH_2CH(CH_3)_2 + H_2O$$

$$(CH_3)_2CHCH_2CH_2OH \underset{}{\overset{H^+}{\rightleftharpoons}} (CH_3)_2C=CHCH_3 + H_2O$$

三、仪器和试剂

仪器：成套有机合成反应装置，200℃温度计，125cm³ 梨形分液漏斗，50cm³ 干燥瓶，10cm³ 量筒（2只），50cm³ 烧杯，玻棒，台天平，2W-阿贝折光仪，ZHQ 型电加热套。

试剂：冰醋酸，异戊醇，环己烷，活性炭固载三氯化铁[1]，沸石，无水硫酸镁，饱和碳酸钠溶液，饱和氯化钠溶液，饱和氯化钙溶液，pH 试纸。

四、实验内容

在装有回流冷凝管、分水器和温度计的烧瓶中（见图 4-1），加入 1.0g 固体催化剂，6cm³（约 0.10mol）乙酸、10cm³（约 0.092mol）异戊醇，分水器中加入 4cm³ 饱和氯化钠溶液。加热烧瓶使液体沸腾。开始回流，有馏液进入分水器，水层渐渐升高。当水层不再发生变化时，表示反应完成（约 40min）。冷却，拆除装置，将反应液倾入小烧杯，回收催化剂[2]。分去分水器中水层，有机层进入小烧杯与反应液合并。

反应液用饱和碳酸钠溶液中和（pH＝7～8），转入分液漏斗，分去水层，酯层依次用 5cm³ 饱和氯化钠和饱和氯化钙（5cm³×2）洗涤，有机酯层倾入具塞锥形瓶中，加入少量无水硫酸镁干燥，直至酯层清澈。

将干燥后的乙酸异戊酯滤入 25cm³ 干燥蒸馏烧瓶中，加入沸石少许，安装蒸馏装置蒸馏，收集 136～142℃的馏分，得到无色透明的乙酸异戊酯液体，称重，计算收率，测定折射率。产品倒入指定的回收瓶中。

[注释]

[1] 活性炭固载三氯化铁的制备：粒状活性炭于 2mol·dm⁻³ 盐酸溶液中浸泡过夜，蒸馏水洗涤至中性，120℃ 2h 干燥活化，置于干燥器中备用。称取一定量的 FeCl₃·12H₂O，回流加热溶于少量无水乙醇中，加入与 FeCl₃·12H₂O 等量的酸处理后的粒状活性炭继续回流 30min，尽量倾去溶液，用少量无水乙醇快速洗涤活性炭表面数次，将此活性炭在 120℃ 烘干活化 3h，置于干燥器内备用。

[2] 催化剂再生：若使用过的催化剂活性有所降低，则将其烘干，用 FeCl₃ 乙醇饱和溶液浸泡过夜，用少量无水乙醇快速洗涤活性炭颗粒表面数次，120℃ 烘干 3h 活化，催化剂可继续使用。

五、产率计算及产品性质

1. $产率 = \dfrac{实际产量}{理论产量} \times 100\%$

2. 产品性质

产品名称	实验沸点	折射率	颜色

六、思考题

1. 计算反应完全时应分出多少水？

2. 本实验是如何实现平衡向产物方向移动的？还有哪些方法可以提高收率？

3. 粗产物用饱和 NaCl 溶液洗涤的目的是什么？

（马育）

实验 4.7 从茶叶中提取咖啡碱（液-液萃取）（4～6h）

一、实验目的

1. 了解从天然产物中提取和分离生物碱的技术。
2. 掌握索氏提取器的使用。
3. 学习用升华法纯化固体物。
4. 掌握溶剂萃取的原理和技术。
5. 了解生物碱的化学性质。

二、实验原理

植物药中生物碱常以盐（能溶于水、乙醇等）或以游离碱（能溶于 $HCCl_3$、CCl_4 等）的形式存在。因此，常用水、醇或其他有机溶剂提取。生物碱与提取液中的其他杂质的分离，可根据生物碱与杂质在溶剂中的不同溶解度及不同化学性质来进行。

咖啡因具有刺激心脏、兴奋大脑神经和利尿等作用。主要用作中枢神经兴奋药，它也是复方阿司匹林（APC）等药物的组分之一。现代制药工业多用合成方法来制得咖啡因。

茶叶中含有的生物碱均为黄嘌呤（2,6-二氧嘌呤）的衍生物，主要有咖啡碱、茶碱、可可碱等。它们的结构式如下：

咖啡碱　　　　　　　茶碱　　　　　　　可可碱

茶叶中以咖啡碱（化学名称是 1,3,7-三甲基-2,6-二氧嘌呤）含量最多，约 $1\%～5\%$，随茶叶种类不同而异。此外，还含有 $11\%～12\%$ 的鞣酸（又称单宁酸，易溶于水和醇，能与醋酸铅生成沉淀）、约 0.6% 的色素、纤维素、蛋白质等物质。

咖啡碱无臭，味苦，可溶于水和乙醇，易溶于热水、热乙醇，氯仿等。咖啡碱具有弱碱性，能与酸成盐，但其水溶液对石蕊试纸呈中性。含结晶水的咖啡碱是白色针状结晶，在 $100℃$ 时失去结晶水并开始升华，$120℃$ 时升华显著，$178℃$ 升华很快。无水咖啡碱的熔点为 $235℃$。咖啡碱水杨酸盐衍生物的熔点为 $138℃$，可用于进一步验证其结构。

茶叶中的咖啡碱可用溶剂提取法、升华法、离子交换法等提取获得。本实验分别介绍升华法和溶剂提取方法。利用咖啡碱易溶于热乙醇和热水的性质将其自茶叶中提出，茶叶中存在的大量鞣质亦随咖啡碱一起提出。可利用石灰中和干燥后升华提纯咖啡碱，或使鞣质等杂质与醋酸铅生成沉淀的性质除去，然后再利用咖啡碱易溶于氯仿的性质将其与其他水溶性杂质分离。咖啡碱可用紫脲酸铵反应及碘化铋钾试剂进行鉴别。

三、实验内容

（一）升华法提取咖啡碱

1. 仪器和试剂

试剂：2.5g 茶叶，95% 乙醇，生石灰 0.8g，浓盐酸，$KClO_3$ 晶体，浓氨水，5% H_2SO_4，碘化铋钾试剂。

仪器：50cm³ 圆底烧瓶，200℃温度计，脂肪提取器，微型蒸馏装置，球形冷凝管，直型冷凝管，蒸发皿，玻匙，玻璃漏斗，滤纸，小磁匙，小试管，熔点测试装置。

2. 实验流程

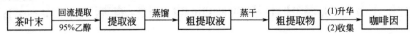

3. 实验装置

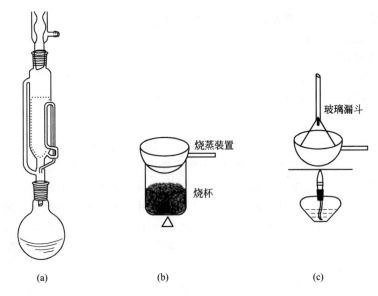

图 4-2　萃取-升华装置

4. 实验步骤

安装好连续提取装置［见图 4-2(a)］。称取 2g 茶叶，研细后用滤纸包好，放入脂肪提取器的套筒中[1]，在圆底瓶中加入 25cm³ 95％乙醇，用水浴加热，连续提取约 0.5h，到提取液为浅色后，停止加热。稍冷，改成蒸馏装置，回收提取液中的大部分乙醇[2]。趁热将瓶中的粗提液倾入蒸发皿中，拌入 0.8g 生石灰粉，使成糊状，在蒸汽浴上蒸干［见图 4-2(b)］，其间应不断搅拌，并压碎块状物。最后将蒸发皿放在石棉网上，用小火焙炒片刻，除去全部水分。冷却后，擦去沾在边上的粉末，以免在升华时污染产物。将口径合适的玻璃漏斗罩在隔以刺有许多小孔滤纸的蒸发皿上［见图 4-2(c)］，用砂浴小心加热升华[3]。控制砂浴温度在 220℃左右（此时纸微黄）。当滤纸上出现许多白色毛状结晶时，停止加热，让其自然冷却到 100℃左右。小心取下漏斗，揭开滤纸，用刮刀将纸上和器皿周围的咖啡因刮下。残渣经拌和后用较大的火再加热片到，使升华完全。

合并两次收集的咖啡因，称重并测定熔点，观察晶体形态，纯粹咖啡因的熔点为 234.5℃。

其余产品做性质检查。

（二）溶剂法提取咖啡碱

1. 仪器和试剂

试剂：5g 茶叶，10％ Pb(Ac)₂，氯仿，食盐，浓盐酸，KClO₃ 晶体，浓氨水，5％ H₂SO₄，碘化铋钾试剂。

仪器：250cm³ 烧杯，50cm³ 烧杯，分液漏斗，吸滤装置，小磁匙，玻璃漏斗，滴管，棉花少许，玻匙，木夹，水浴锅。

2. 实验流程

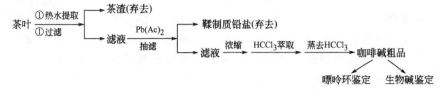

3. 实验步骤

在 250cm³ 烧杯中，加入 5g 茶叶和热水 60cm³，煮沸 10min（保持水的体积）。在玻璃漏斗中用少许棉花滤去茶渣，在搅拌下向热的滤液中逐滴加入约 10cm³ 10％ Pb（Ac）₂ 溶液，至不再产生沉淀为止。

将上述沉淀混悬液加热数分钟[4]，减压过滤，滤液转到蒸发皿里。加热蒸去二分之一的水分，放冷，如此时有沉淀析出，可用减压过滤除去。

将上述浓缩液转入分液漏斗，加入 15cm³ 氯仿和 10cm³ 饱和食盐水，振摇（注意：由于氯仿易挥发，因此，在振摇过程中应常将活塞打开使过量氯仿蒸发气体逸出），静置片刻，待液体分层后，将下层氯仿溶液分出，注入小烧杯中，在水浴上蒸去氯仿，即得咖啡碱粗制品。

（三）生物碱的性质检查

（1）紫脲酸铵反应

在小磁匙内放入数粒咖啡碱粗制品结晶，加入绿豆大小的 KClO₃ 晶体和 2～3 滴浓盐酸。在酒精灯上使液体蒸发干、放冷。加入氨水 1 滴，有紫色出现，则有嘌呤环存在。

（2）与碘化铋钾试剂反应

取剩余的咖啡碱粗制品结晶溶于 1cm³ 的 5％ H₂SO₄ 溶液中，搅拌使其溶解。取此溶液 0.5cm³ 加入碘化铋钾溶液 4 滴，有橘黄色沉淀生成，则表明有生物碱存在。

[注释]

[1] 升华时，滤纸包大小要能方便取放，其高度不得超过虹吸管；滤纸包茶叶末时要严紧，防止漏出堵塞虹吸管。

[2] 瓶中乙醇不可蒸得太干，否则残液很黏，转移时损失较大，这时也可再加入 3～5cm³ 乙醇以利于转移。

[3] 升华操作是实验成败的关键。升华过程中，始终都需用小火间接加热。如温度太高，会使产物发黄。如无沙浴，也可用简易空气浴加热升华，即将蒸发皿底部稍离开石棉网进行加热。并在附近悬挂温度计指示升华温度。

[4] 新生成的鞣质铅盐颗粒非常细，在较高温度下陈化一段时间有利于颗粒长大，以免抽滤时堵塞滤纸通道。

四、思考题

1. 咖啡碱的提取、分离依据是什么？

2. 液-液萃取操作过程中应注意哪些问题？

（马育）

实验 4.8　从槐花米中提取芦丁（6h）

一、实验目的

1. 掌握碱-酸法提取黄酮类化合物的原理和操作。

2. 了解黄酮类化合物的主要性质和化学鉴定方法。

二、实验原理

芦丁（rutin）又称云香苷（rutioside），为 P 类维生素，有助于保护毛细血管的正常弹性，有调节毛细血管壁的渗透性的作用。临床上用作毛细血管止血药，可治吐血、便血等症，并作为高血压症的辅助治疗药物。

芦丁广泛存在于植物界，尤其以槐米和荞麦叶片中含量较高，可作为提取制备芦丁的原材料。槐花米是槐系豆科槐属植物的花蕾，含芦丁、皂苷、脂醇、槐二醇、黏液质等多种成分。其中芦丁是主要有效成分，含量可高达 12%～16%。芦丁属黄酮类化合物，结构中含有多个酚羟基，呈酸性，苷元为槲皮素，糖基为芸香糖。

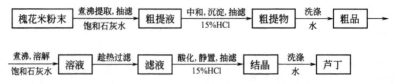

黄酮　　　　　　　　　芦丁　　　　　　　　槲皮素

芦丁（$C_{27}H_{30}O_{16}$，槲皮素-3-O-葡萄糖-O-鼠李糖）为浅黄色细小针状结晶，含 3 个结晶水的熔点为 174～178℃，无水物的熔点为 188℃。溶于热水、甲醇、热乙醇（1∶30），微溶于乙酸乙酯、丙酮，不溶于苯、氯仿、石油醚等。槲皮素（$C_{15}H_{10}O_7$）二水合物为黄色针状结晶，95～97℃脱水，m. p. 314℃（分解），可溶于热乙醇（1∶60）、甲醇、乙酸、乙酸乙酯、丙酮等，不溶于石油醚、水。

芦丁可溶于碱液中，酸化后复析出，可溶于浓硫酸和浓盐酸呈棕黄色，加水稀释复析出。故可采用碱提取酸沉淀的方法得到芦丁，利用芦丁、槲皮素及糖的性质予以鉴定。在分析中草药制剂中黄酮类化合物含量时，常用芦丁作标准品。

三、仪器和试剂

仪器：台秤，研钵，烧杯，滤纸，抽滤装置，离心试管，离心机，水浴锅，玻棒，酒精灯，铁架台，石棉网，小试管。

材料与试剂：槐米，硼砂，饱和石灰水溶液，10% Na_2CO_3，15% 盐酸、3mol·dm^{-3} 硫酸，浓 95% 硫酸，乙醇，2% 醋酸铅溶液，Molish 试剂，浓盐酸，镁粉，pH 试纸。

四、实验流程

槐花米粉末 →（煮沸提取，抽滤 饱和石灰水）→ 粗提液 →（中和，沉淀，抽滤 15%HCl）→ 粗提物 →（洗涤 水）→ 粗品 →

→（煮沸，溶解 饱和石灰水）→ 溶液 →（趁热过滤）→ 滤液 →（酸化，静置，抽滤 15%HCl）→ 结晶 →（洗涤 水）→ 芦丁

五、实验步骤

1. 芦丁提取

称取 5g 槐花米于研钵中研成粗粉，置于 100cm³ 烧杯中，加入 35cm³ 饱和石灰水[1]溶液于石棉网上加热至沸，不断搅拌，煮沸 20min，抽滤。残渣另加入 35cm³ 饱和石灰水溶液，煮沸 15min，抽滤。合并两次滤液，然后用 15% 盐酸（约 2cm³）中和，小心调节 pH 值为 3～4[2]。放置 1h，使沉淀完全，抽滤，得到芦丁的粗产品。

2. 芦丁精制

将制得的粗芦丁置于 50cm³ 的烧杯中，加水 30cm³，于石棉网上加热至沸腾，在不断搅拌下，慢慢加入饱和石灰水溶液调节溶液的 pH 值至 8～9，使芦丁溶解，趁热过滤。用 15％的盐酸调节 pH 值至 4～5，有浅黄色芦丁结晶析出，静置 1h 使晶体长大，抽滤，产品用水洗涤 1～2 次，烘干，即得精制芦丁，称重后计算芦丁收率。

3. 芦丁的性质鉴定

取芦丁粗品少许溶于 5cm³ 乙醇中制得芦丁溶液。

（1）盐酸-镁粉反应[3]

吸取 1cm³ 芦丁溶液置于试管中，加 2 滴浓盐酸，再加镁粉少许观察颜色变化。

（2）醋酸铅反应

吸取 1cm³ 芦丁溶液置于试管中，滴加 2 滴醋酸铅试剂观察变化。

（3）Molish 试验

吸取 1cm³ 芦丁溶液置于试管中，加乙醇 1cm³ 振摇，再加 Molish 试剂 2～3 滴振摇，倾斜试管，小心加入 0.5cm³ 浓硫酸静置，观察是否有紫色环出现。

（4）糖苷的水解

取一支试管，加入 1cm³ 饱和芦丁水溶液及 5 滴 3mol·dm⁻³ 硫酸，将此试管放在沸水浴中煮沸 15～20min。冷却后，加入 10％ Na_2CO_3 溶液中和至碱性（用 pH 试纸检验）。

取 2 支试管，分别加入 Fehling 试剂 A 和 Fehling 试剂 B 各 0.5cm³，混合均匀后分别加入 1cm³ 上述水解液、饱和芦丁水溶液，振荡后于沸水浴中加热 3～4min，观察结果。

[注释]

[1] 芦丁含多个酚羟基，可溶于碱，但碱液提取时 pH 值不宜过高，以免糖苷键水解破坏芦丁的结构。加入饱和石灰水溶液既可以达到碱溶解提取芦丁的目的，又可以使槐花米中部分酸性多糖黏液质生成钙盐沉淀减少溶出。

[2] pH 值过低会使芦丁形成𨬟盐而增加水溶性，甚至糖苷键水解，降低收率及品质。

[3] 芦丁能被镁粉-盐酸或锌粉-盐酸还原而显红色。

（马育）

实验 4.9　乙酸乙烯酯的乳液聚合（6h）

一、实验目的

1. 了解乳液聚合特点，了解配方及组分的作用。
2. 学习聚乙酸乙烯酯乳胶的制备方法。
3. 掌握电动搅拌机的使用方法。

二、实验原理

聚乙酸乙烯酯是由乙酸乙烯酯在光或过氧化物等引发剂的作用下聚合而成的，其聚合反应可以按本体、溶液或乳液聚合等多种方式进行。作为涂料或黏合剂使用时，一般采用乳液聚合方法。聚乙酸乙烯酯作为黏合剂（俗称白乳胶），可广泛应用于木材加工、书籍装订、纸袋、硬纸板加工、饮料杯、包封、折叠盒、多层复合装运袋、标签、箔制品、薄膜与纸张转移印花、香烟滤纸、绝缘材料、衬垫材料、汽车内装饰、皮革加工和瓷砖粘贴等。

乳液聚合是指将不溶或微溶于水的单体在强烈的机械搅拌和乳化剂的作用下在水中分散成乳液状并在水溶性引发剂引发下进行的聚合反应。乳液聚合采用水溶性引发剂，具有散热容易、聚合反应温度易于控制，聚合速度快、聚合物分子量高的特点。通常，乳液聚合反应后期体系黏度通常仍较低，可用于合成黏性大的聚合物，如橡胶等。

$$n CH_2=CHOCCH_3 \xrightarrow{\text{引发剂}} \left[CH_2CH \right]_n$$

由于乙酸乙烯酯在水中有较高的溶解度，而且容易水解，产生的乙酸会干扰聚合，工业生产常使用聚乙烯醇来保护胶体。本实验采用乳液聚合制备聚乙酸乙烯酯，采用过硫酸盐为引发剂，聚乙烯醇作为胶体稳定剂，OP-10 和十二烷基苯磺酸钠作为乳化剂。为使反应平稳进行，单体和引发剂均需分批加入。

三、仪器和试剂

仪器：250cm³ 三颈反应瓶，搅拌器，恒温水浴，100cm³ 烧杯，10cm³ 量筒，50cm³ 量筒，125cm³ 分液漏斗，125cm³ 滴液漏斗，电动搅拌机，玻棒，电子天平。

试剂：乙酸乙烯酯，聚乙烯醇（PVA-1799）溶液（新配制），5％十二烷基苯磺酸钠，1％Na₂CO₃，0.2％过硫酸铵（现配），饱和食盐水，pH 试纸，玻棒，一次性木筷，小胶圈，标签纸。

四、实验内容

1. 单体的预处理

量取 10cm³ 乙酸乙烯酯于分液漏斗中，每次加入 1％的 Na₂CO₃ 溶液 5cm³ 洗涤两次，再用蒸馏水洗至中性（pH=6～7）。分出酯层（约 0.1mol），供下一步用。

2. 实验装置

实验装置如图 4-3 所示。

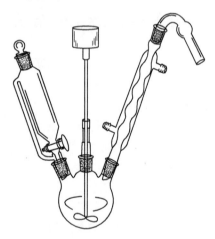

图 4-3 聚乙酸乙烯酯的制备装置

3. 乳液聚合步骤

① 加料 按图 4-3 安装装置，将三口瓶下部沉浸在水浴锅中，将 1cm³ 5％ 十二烷基苯磺酸钠溶液、30cm³ 1％聚乙烯醇溶液、5cm³ 处理过的乙酸乙烯酯加入三口瓶中，中速搅拌均匀。

② 乳液聚合 设置水浴温度为 80℃，当水浴温度 60℃时，从冷凝管口加入 0.2％的过硫酸铵 20cm³，搅拌观察。当蓝胶出现（约 65℃）后，慢慢滴加剩余处理过的乙酸乙烯酯，同时滴加过硫酸铵水溶液 5cm³，胶乳渐渐变白。单体加完后，于 80℃保温 20min。当确认回流停止后，将水浴温度升至 95℃，保温搅拌 5min，拆除冷凝管和滴液漏斗，敞开三口瓶的两侧口，继续保温搅拌 20min，加入 1cm³ 邻苯二甲酸二丁酯，搅拌均匀，结束反应。

③ 胶乳的调整 反应液冷却至 50℃；加入 1％的 Na₂CO₃ 水溶液调整溶液 pH 值（边滴加边测定 pH 值）为 5～6，得到白色乳液，出料［此白色乳液可直接作为黏合剂（白乳胶）使用，也可加入水稀释并混入色料，制成各种涂料（乳胶漆）］。

4. 产品处理

① 胶乳粘接性能检查 取少量白乳胶均匀涂于已分开木筷的两侧面，小心将两侧面合

拢，并在木筷两头套上小胶圈固定，干燥 48h 后掰开木筷断面观察，初步评价粘接强度[1]。

②测定固含量　称取约 2g 乳液，加入 20cm³ 饱和 NaCl 溶液，搅拌使析出，过滤，沉淀放入 105℃烘箱中烘干，称重，计算固含量。

$$固含量 = \frac{干燥后样品质量}{干燥前样品质量} \times 100\%$$

[注释]

[1] 粘接强度好的胶，当木筷粘接牢固后再掰开十分不易，或者在其他木纤维处断开。

五、思考题

1. 从工业生产讲，乳液聚合优于本体聚合，为什么？
2. PVA 在反应中起什么作用？
3. 邻苯二甲酸二丁酯在乳液中起何作用？
4. 反应结束后为什么要调节 pH 值？

（马育）

实验 4.10　有机化合物的鉴别实验（3h）

一、实验目的

1. 了解常见有机化合物的分类试验与鉴别方法。
2. 通过自拟实验方案完成实验，培养应用理论知识独立分析解决问题的能力。

二、实验原理

确定一种新发现的有机化合物的分子结构，是一项复杂而艰巨的工作。即使对文献报道过的有机化合物的未知样品（未知物）的鉴定，也要通过系统的有机定性分析。但在实际工作中常遇见的未知物，可能是某几种中的一种，这就比较简单了。常见有机化合物，如果已知一定的范围，则可通过分类试验（如溶解度试验、氧化还原试验）先进行分类，以便缩小范围，再通过官能团试验、特征性反应进行鉴别。有机化合物的物理性质如沸点、熔点、折射率以及红外光谱等，能为确认未知物提供详尽的依据。

本实验包括八种化合物的鉴别，所用的八种化合物分别属于烷烃、烯烃、卤烷、醇、醛、酮、羧酸、胺类。

水溶性羧酸能使蓝色石蕊试纸变红。水溶性胺类的碱性一般能使红色石蕊试纸变蓝。醛、酮都含羰基，与 2,4-二硝基苯肼（DPNH）溶液作用产生黄色沉淀。脂肪醛与托伦试剂显银镜反应，酮则不能。醇类多数与铬酸溶液作用后，在 2~3s 内就形成蓝绿色混悬液。烯（及其它易氧化物质）会使高锰酸钾溶液的紫色消失并出现棕色沉淀。卤烷在铜丝上于火焰中燃烧会出现绿色火焰（Beilstein 试验）。烷烃在上述的所有实验中均显阴性。

本实验对八类化合物进行鉴别实验，要求设计步骤简便，结果准确。

三、实验试剂与材料

乙醛、丙酮、正丁醇、冰醋酸、氯仿、石蜡油、三乙胺、环己烯、蓝色石蕊试纸、2,4-二硝基苯肼、红色石蕊试纸、丙酮（溶剂）、铬酸酐-硫酸试剂、1%高锰酸钾、铜丝圈、托伦（Tollens）试剂。

四、实验设计要求

1. 将需要鉴别的 8 种物质按官能团分类，写出可用作鉴别反应的相关反应式及反应现象；写出可能发生的副反应的相关反应式及反应现象。

2. 按照反应快、干扰小、现象明显、试剂用量少、鉴别步骤简单的思想独立设计操作步骤（通过沉淀的生成或溶解、颜色的变化、气泡的释放、特征气味等宏观变化来判断反应的进行）。

3. 完成各项鉴别实验，并对鉴别实验中的反常现象给出合理解释，修改原设计方案再试验，直到完成 8 种物质的全部鉴别。

4. 写出实验操作流程图。

5. 给出试验鉴定结果。

6. 实验结果讨论及对设计方案的自我评价。

五、实验提示

1. 酸碱性试验

取样品（或未知物）5 滴（固体取 0.1g），加 3cm³ 水，振摇后，用蓝色石蕊试纸及红色石蕊试纸（或用 pH 广泛试纸）试之，观察颜色变化。

2. 2,4-二硝基苯肼（DPNH）试验

取样品（或未知物）5 滴，加入 1cm³ DPNH 试剂，振摇后，放置约 15min，观察有无黄色沉淀出现，或用玻璃棒轻轻摩擦试管壁再观察结果。

3. 铬酸试验

取样品（或未知物）5 滴，加入 1cm³ 丙酮（作为溶剂）溶解，再加入 10 滴铬酸酐-硫酸试剂，摇动试管，观察 2min 内颜色变化。

阳性结果：伯醇或仲醇在 2s 内形成不透明的蓝绿色混悬液或乳浊液。醛在 20～120s 或更长时间才使试剂变色。如实验中发现溶液仍保持橘黄色或略带黑色，作为阴性结果。

4. 高锰酸钾试验

溶解 5 滴样品（未知物）于 1cm³ 蒸馏水中，逐滴加入 1％高锰酸钾试液，观察颜色变化。若紫色褪去，再逐滴加入试液，直至不褪色为止。计量所加入试液滴数；若反应未立即进行，放置 5min 后继续观察。

阳性结果：如能使 1 滴以上的试液紫色消褪，并有棕色二氧化锰沉淀出现，即为阳性结果。双键、叁键的不饱和烃均显阳性。但是易氧化的化合物如醛、芳香醇、酚类、甲酸及甲酸酯也呈阳性结果。醇类液体如含有易氧化杂质时，也会与少量试液作用。故在实验中需注意逐滴加入试液。若只能使第一滴试液褪色，则作为阴性结果。多数纯净醇类在 5min 内不会与试液作用，共轭烯烃、带侧链的芳香烃与本实验所用的中性高锰酸钾试液不加热时不显阳性。

5. Beilstein 试验

取铜丝圈先在酒精灯火焰上加热至红，并在火焰中无绿色或蓝绿色呈现时，使其冷却，将少量样品（或未知物）滴在铜丝圈上，再在火焰边缘上灼烧，观察焰色。

阳性结果：灼烧时可见绿色或蓝色火焰，这是由于卤烷分解生成卤化亚铜（Cu_2X_2）所显焰色（但氟化物不能发生上述反应）。

6. 银镜反应（Tollens 反应）

小试管中加入 10 滴样品（或未知物）及 2cm³ 水，再加入 2cm³ 托伦（Tollens）试剂，混匀，在沸水浴上加热，观察有无银镜生成。

阳性结果：醛类在试验中有银镜或黑色沉淀生成，为阳性结果。其他化合物，如还原糖及 α-羟基酮也会有阳性反应。酮类显阴性。

（马育）

附　　录

附录1　常用元素相对原子质量表

元素名称	相对原子质量	元素名称	相对原子质量	元素名称	相对原子质量
银 Ag	107.87	铜 Cu	63.546	氧 O	15.999
铝 Al	26.98	氟 F	18.998	磷 P	30.974
砷 As	74.92	铁 Fe	55.847	铅 Pb	207.2
金 Au	196.97	氢 H	1.008	钯 Pd	106.4
硼 B	10.81	汞 Hg	200.59	铂 Pt	195.09
钡 Ba	137.34	碘 I	126.904	硫 S	32.06
铋 Bi	208.98	钾 K	39.098	硅 Si	28.086
溴 Br	79.904	锂 Li	6.941	锡 Sn	118.69
碳 C	12.011	镁 Mg	24.305	锶 Sr	87.62
钙 Ca	40.08	锰 Mn	54.938	钛 Ti	47.90
镉 Cd	112.40	钼 Mo	95.94	锌 Zn	65.38
氯 Cl	35.45	氮 N	14.007	锆 Zr	91.22
钴 Co	58.933	钠 Na	22.99		
铬 Cr	51.996	镍 Ni	58.71		

附录2　常用的酸和碱

溶　　液	相对密度	质量分数/%	物质的量浓度 /mol·dm^{-3}	质量浓度 /g·100cm^{-3}
浓盐酸	1.19	37	12.0	44.0
恒沸点盐酸(252cm^{3}浓盐酸＋200cm^{3}水,沸点110℃)	1.10	20.2	6.1	22.2
10%盐酸(10cm^{3}浓盐酸＋321cm^{3}水)	1.05	10	2.9	10.5
5%盐酸(50cm^{3}浓盐酸＋380.5cm^{3}水)	1.03	5	1.4	5.2
1mol·dm^{-3}盐酸(41.5cm^{3}浓盐酸稀释到500cm^3)	1.02	3.6	1	3.6
浓硫酸	1.84	96	18	177
10%硫酸(25cm^{3}浓硫酸＋398cm^{3}水)	1.07	10	1.1	10.7
0.5mol·dm^{-3}硫酸(13.9cm^{3}浓硫酸稀释到500cm^3)	1.03	4.7	0.5	4.9
浓硝酸	1.42	71	16	101
10%氢氧化钠	1.11	10	2.8	11.1
浓氨水	0.9	28.4	15	25.6

附录 3　常用指示剂

指示剂	pH 变色范围	颜色变化	配制方法
百里酚蓝	1.2～2.8	红→黄	0.1g 溶于 21.5cm³ 0.1mol·dm⁻³ NaOH 中，加入 25cm³ 水,混匀
甲基橙	3.1～4.4	红→黄	0.01%水溶液
甲基红	4.8～6.0	红→黄	0.02g 溶于 60cm³ 乙醇中,加入 40cm³ 水,混匀
酚酞	8.2～10.0	无色→粉红	0.05g 溶于 50cm³ 乙醇中,加入 50cm³ 水,混匀
钙黄绿素-百里酚酞	>12	紫红+绿色荧光→紫红	1g 钙黄绿素和 1g 百里酚酞与 50g 固体硝酸钾(A.R.) 混匀,磨细,贮藏于广口瓶中
铬黑 T	9～11	酒红→纯蓝	0.5g 铬黑 T 和 50g 无水固体 Na₂SO₄ 或 NaCl 于研钵中研磨均匀,装入广口瓶中,置于干燥的棕色瓶中保存
荧光素(0.5%)	4.6～5.2	黄绿→微红	0.50g 荧光素溶于乙醇,用乙醇稀释至 100cm³
溴甲酚绿	3.8～5.4	黄→蓝	0.05%乙醇溶液
磺基水杨酸	1.5～2	红→黄	10%水溶液
PAN	2～12	黄→亮紫	0.2%乙醇溶液
二甲酚橙	<6	红→黄	0.2%水溶液
镁试剂	>8	蓝紫→蓝	溶解 0.01g 偶氮紫于 1dm³ 1mol·dm⁻³ 的 NaOH 溶液中

附录 4　常用有机溶剂的沸点、相对密度表

名称	沸点/℃	d_4^{20}	名称	沸点/℃	d_4^{20}
甲醇	64.7	0.7913	苯	80.1	0.8737
乙醇	78.3	0.7894	甲苯	110.6	0.8660
乙醚	34.6	0.7134	二甲苯(o-,m-,p-)	约 140.0	
丙酮	56.24	0.7908	氯仿	61.7	1.4832
乙酸	117.9	1.049	四氯化碳	76.5	1.5940
乙酐	140.0	1.082	二硫化碳	46.2	1.2632
乙酸乙酯	77.1	0.9006	硝基苯	210.8	1.2037
环己烷	80.7	0.7786	正丁醇	117.7	0.8097

注：数据主要录自 John A. Dean. Lange's Handbook of Chemistry. 13ᵗʰ. 1985.

附录 5　常见弱电解质在水溶液中的电离常数（25℃）

电解质	电离平衡	K_a 或 K_b	pK_a 或 pK_b
甲酸	$HCOOH \rightleftharpoons H^+ + HCOO^-$	1.77×10^{-4}	3.751
醋酸	$CH_3COOH \rightleftharpoons H^+ + CH_3COO^-$	1.75×10^{-5}	4.756
硼酸	$H_3BO_3 + H_2O \rightleftharpoons H^+ + B(OH)_4^-$	5.75×10^{-10}	9.24
碳酸	$H_2CO_3 \rightleftharpoons H^+ + HCO_3^-$	4.37×10^{-7}	6.36
	$HCO_3^- \rightleftharpoons H^+ + CO_3^{2-}$	4.68×10^{-11}	10.33
氢氰酸	$HCN \rightleftharpoons H^+ + CN^-$	6.17×10^{-10}	9.21
氢硫酸	$H_2S \rightleftharpoons H^+ + HS^-$	1.07×10^{-7}	6.97
	$HS^- \rightleftharpoons H^+ + S^{2-}$	1.26×10^{-13}	12.90

续表

电解质	电 离 平 衡	K_a 或 K_b	pK_a 或 pK_b
草酸	$H_2C_2O_4 \rightleftharpoons H^+ + HC_2O_4^-$	5.36×10^{-2}	1.271
	$HC_2O_4^- \rightleftharpoons H^+ + C_2O_4^{2-}$	5.35×10^{-5}	4.272
磷酸	$H_3PO_4 \rightleftharpoons H^+ + H_2PO_4^-$	7.08×10^{-3}	2.15
	$H_2PO_4^- \rightleftharpoons H^+ + HPO_4^{2-}$	6.31×10^{-8}	7.20
	$HPO_4^{2-} \rightleftharpoons H^+ + PO_4^{3-}$	4.17×10^{-13}	12.38
亚硫酸	$H_2SO_3 \rightleftharpoons H^+ + HSO_3^-$	1.29×10^{-2}	1.89
	$HSO_3^- \rightleftharpoons H^+ + SO_3^{2-}$	6.17×10^{-8}	7.21
亚硝酸	$HNO_2 \rightleftharpoons H^+ + NO_2^-$	7.24×10^{-4}	3.14
氢氟酸	$HF \rightleftharpoons H^+ + F^-$	6.61×10^{-4}	3.18
硅酸	$H_2SiO_3 \rightleftharpoons H^+ + HSiO_3^-$	1.70×10^{-10}	9.77
	$HSiO_3^- \rightleftharpoons H^+ + SiO_3^{2-}$	1.58×10^{-12}	11.8
氨水	$NH_3 + H_2O \rightleftharpoons NH_4^+ + OH^-$	1.74×10^{-5}	4.76

注：数据主要录自 John A. Dean. Lange's Handbook of Chemistry. 13th. 1985.

附录6 常见难溶化合物的溶度积 (18～25℃)

难 溶 物 质	K_{sp}	难 溶 物 质	K_{sp}
氢氧化铝 $Al(OH)_3$(无定形)	1.3×10^{-33}	氢氧化铁 $Fe(OH)_3$	4×10^{-38}
氯化银 $AgCl$	1.8×10^{-10}	氢氧化亚铁 $Fe(OH)_2$	8.0×10^{-16}
溴化银 $AgBr$	5.0×10^{-13}	硫化亚铁 FeS	6.3×10^{-18}
碘化银 AgI	8.3×10^{-17}	硫化汞 HgS(红)	4×10^{-53}
氢氧化银 $AgOH$	2.0×10^{-8}	碳酸镁 $MgCO_3$	3.5×10^{-8}
铬酸银 Ag_2CrO_4	1.1×10^{-12}	氢氧化镁 $Mg(OH)_2$	1.8×10^{-11}
硫化银 Ag_2S	6.3×10^{-50}	氢氧化锰 $Mn(OH)_2$	1.9×10^{-13}
硫酸钡 $BaSO_4$	1.1×10^{-10}	硫化锰 MnS(无定形)	2.5×10^{-10}
碳酸钡 $BaCO_3$	5.1×10^{-9}	硫酸铅 $PbSO_4$	1.6×10^{-8}
铬酸钡 $BaCrO_4$	1.2×10^{-10}	硫化铅 PbS	8.0×10^{-28}
碳酸钙 $CaCO_3$	2.8×10^{-9}	碘化铅 PbI_2	7.1×10^{-9}
硫酸钙 $CaSO_4$	9.1×10^{-6}	碳酸铅 $PbCO_3$	7.4×10^{-14}
磷酸钙 $Ca_3(PO_4)_2$	2.0×10^{-29}	铬酸铅 $PbCrO_4$	2.8×10^{-13}
硫化镉 CdS	8.0×10^{-27}	氢氧化铅 $Pb(OH)_2$	1.2×10^{-15}
硫化钴 $CoS(\alpha)$	4.0×10^{-21}	碳酸锶 $SrCO_3$	1.1×10^{-10}
氢氧化铬 $Cr(OH)_3$	6.3×10^{-31}	碳酸锌 $ZnCO_3$	1.4×10^{-11}
碘酸铜 $Cu(IO_3)_2$	7.4×10^{-8}	硫化锌 $ZnS(\alpha)$	1.6×10^{-24}
氢氧化铜 $Cu(OH)_2$	2.2×10^{-20}	氢氧化锌 $Zn(OH)_2$	1.2×10^{-17}
硫化铜 CuS	6.3×10^{-36}		

注：数据主要录自 John A. Dean. Lange's Handbook of Chemistry. 13th. 1985.

附录 7 配离子的稳定常数

配离子	$K_稳$	配离子	$K_稳$	配离子	$K_稳$
$[Cd(NH_3)_6]^{2+}$	1.38×10^5	$[Ag(CN)_2]^-$	1.26×10^{21}	$[Al(OH)_4]^-$	1.07×10^{33}
$[Co(NH_3)_6]^{2+}$	1.29×10^5	$[Fe(CN)_6]^{4-}$	1×10^{35}	$[Cr(OH)_4]^-$	7.94×10^{29}
$[Co(NH_3)_6]^{3+}$	1.58×10^{35}	$[Fe(CN)_6]^{3-}$	1×10^{42}	$[Cu(OH)_4]^{2-}$	3.16×10^{18}
$[Cu(NH_3)_2]^+$	7.24×10^{10}	$[Zn(CN)_4]^{2-}$	5.01×10^{16}	$[Zn(OH)_4]^{2-}$	4.57×10^{17}
$[Cu(NH_3)_4]^{2+}$	2.09×10^{13}	$[Al(C_2O_4)_3]^{3-}$	2.0×10^{16}	$[Cu(SCN)_2]^-$	1.51×10^5
$[Ni(NH_3)_6]^{2+}$	5.50×10^8	$[Co(C_2O_4)_3]^{4-}$	5.01×10^9	$[Hg(SCN)_4]^{2-}$	1.70×10^{21}
$[Pt(NH_3)_6]^{2+}$	2.0×10^{35}	$[Co(C_2O_4)_3]^{3-}$	$\sim 10^{20}$	$[Ag(SCN)_2]^-$	3.72×10^7
$[Ag(NH_3)_2]^+$	1.12×10^7	$[Fe(C_2O_4)_3]^{4-}$	1.66×10^5	$[Fe(SCN)_2]^+$	2.29×10^3
$[Zn(NH_3)_4]^{2+}$	2.88×10^9	$[Fe(C_2O_4)_3]^{3-}$	1.58×10^{20}	$[Cu(S_2O_3)_2]^{3-}$	6.92×10^{13}
$[HgCl_4]^{2-}$	1.17×10^{15}	$[Ni(C_2O_4)_3]^{4-}$	3.16×10^8	$[Ag(S_2O_3)_2]^{3-}$	2.88×10^{13}
$[PtCl_4]^{2-}$	5.01×10^{15}	$[CuI_2]^-$	7.08×10^8	$[AlY]^-$	1.29×10^{16}
$[AgCl_2]^-$	1.10×10^5	$[PbI_4]^{2-}$	2.95×10^4	$[CaY]^{2-}$	1×10^{11}
$[Cd(CN)_4]^{2-}$	6.03×10^{18}	$[HgI_4]^{2-}$	6.76×10^{29}	$[FeY]^{2-}$	2.14×10^{14}
$[Cu(CN)_4]^{2-}$	2.0×10^{30}	$[AgI_2]^-$	5.50×10^{11}	$[FeY]^-$	1.70×10^{24}
$[Hg(CN)_4]^{2-}$	2.51×10^{41}	$[AlF_6]^{3-}$	6.92×10^{19}	$[MgY]^{2-}$	4.37×10^8
$[Ni(CN)_4]^{2-}$	2.0×10^{31}	$[FeF_6]^{3-}$	1.15×10^{12}	$[BaY]^{2-}$	6.03×10^7

注：数据主要录自 John A. Dean. Lange's Handbook of Chemistry. 13th. 1985.

附录 8 水溶液中一些电对的标准电极电势（25℃）

（标准态压力 $p^\ominus = 100kPa$）

电对（氧化态/还原态）	电极反应（氧化态$+ze^- \rightleftharpoons$还原态）	$\varphi^\ominus / V$
Li^+/Li	$Li^+ + e^- \rightleftharpoons Li$	-3.04
K^+/K	$K^+ + e^- \rightleftharpoons K$	-2.93
Ba^{2+}/Ba	$Ba^{2+} + 2e^- \rightleftharpoons Ba$	-2.91
Ca^{2+}/Ca	$Ca^{2+} + 2e^- \rightleftharpoons Ca$	-2.87
Na^+/Na	$Na^+ + e^- \rightleftharpoons Na$	-2.71
Mg^{2+}/Mg	$Mg^{2+} + 2e^- \rightleftharpoons Mg$	-2.37
$H_2O/H_2(g)$	$2H_2O + 2e^- \rightleftharpoons H_2(g) + 2OH^-$	-0.828
Zn^{2+}/Zn	$Zn^{2+} + 2e^- \rightleftharpoons Zn$	-0.763
Cr^{3+}/Cr	$Cr^{3+} + 3e^- \rightleftharpoons Cr$	-0.74
SO_3^{2-}/S	$SO_3^{2-} + 3H_2O + 4e^- \rightleftharpoons S + 6OH^-$	-0.66
$CO_2/H_2C_2O_4$	$2CO_2 + 2H^+ + 2e^- \rightleftharpoons H_2C_2O_4$	-0.49
Fe^{2+}/Fe	$Fe^{2+} + 2e^- \rightleftharpoons Fe$	-0.440
Cd^{2+}/Cd	$Cd^{2+} + 2e^- \rightleftharpoons Cd$	-0.403
Cu_2O/Cu	$Cu_2O + 2H^+ + 2e^- \rightleftharpoons 2Cu + H_2O$	-0.36
Co^{2+}/Co	$Co^{2+} + 2e^- \rightleftharpoons Co$	-0.277
Ni^{2+}/Ni	$Ni^{2+} + 2e^- \rightleftharpoons Ni$	-0.246
Sn^{2+}/Sn	$Sn^{2+} + 2e^- \rightleftharpoons Sn$	-0.136
Pb^{2+}/Pb	$Pb^{2+} + 2e^- \rightleftharpoons Ph$	-0.126
$H^+/H_2(g)$	$2H^+ + 2e^- \rightleftharpoons H_2(g)$	0.0000
$S_4O_6^{2-}/S_2O_3^{2-}$	$S_4O_6^{2-} + 2e^- \rightleftharpoons 2S_2O_3^{2-}$	$+0.08$
$S/H_2S(g)$	$S + 2H^+ + 2e^- \rightleftharpoons H_2S(g)$	$+0.141$
Sn^{4+}/Sn^{2+}	$Sn^{2+} + 2e^- \rightleftharpoons Sn$	$+0.154$

电对(氧化态/还原态)	电极反应(氧化态+ze⁻ ⇌ 还原态)	$\varphi^{\ominus}/V$
Cu^{2+}/Cu^+	$Cu^{2+}+2e^- \rightleftharpoons Cu^+$	$+0.17$
SO_4^{2-}/H_2SO_3	$SO_4^{2-}+4H^++2e^- \rightleftharpoons H_2SO_3+H_2O$	$+0.17$
$AgCl/Ag$	$AgCl(s)+e^- \rightleftharpoons Ag+Cl^-$	$+0.2223$
Cu^{2+}/Cu	$Cu^{2+}+2e^- \rightleftharpoons Cu$	$+0.337$
$O_2(g)/OH^-$	$\frac{1}{2}O_2(g)+H_2O+2e^- \rightleftharpoons 2OH^-$	$+0.41$
$MnO_4^{2-}/MnO_2(s)$	$MnO_4^{2-}+2H_2O+2e^- \rightleftharpoons MnO_2(s)+4OH^-$	$+0.5$
Cu^+/Cu	$Cu^++e^- \rightleftharpoons Cu$	$+0.52$
$I_2(s)/I^-$	$I_2(s)+2e^- \rightleftharpoons 2I^-$	$+0.535$
H_3AsO_4/H_3AsO_3	$H_3AsO_4+2H^++2e^- \rightleftharpoons H_3AsO_3+H_2O$	$+0.581$
$O_2(g)/H_2O_2$	$O_2(g)+2H^++2e^- \rightleftharpoons H_2O_2$	$+0.682$
Fe^{3+}/Fe^{2+}	$Fe^{3+}+e^- \rightleftharpoons Fe^{2+}$	$+0.771$
Hg_2^{2+}/Hg	$Hg_2^{2+}+2e^- \rightleftharpoons 2Hg$	$+0.792$
Ag^+/Ag	$Ag^++e^- \rightleftharpoons Ag$	$+0.7999$
Hg^{2+}/Hg	$Hg^{2+}+2e^- \rightleftharpoons Hg$	$+0.854$
$NO_3^-/NO(g)$	$NO_3^-+4H^++3e^- \rightleftharpoons NO(g)+2H_2O$	$+0.96$
$HNO_2/NO(g)$	$HNO_2+H^++e^- \rightleftharpoons NO(g)+H_2O$	$+1.00$
$Br_2(l)/Br^-$	$Br_2(l)+2e^- \rightleftharpoons 2Br^-$	$+1.065$
IO_3^-/I_2	$2IO_3^-+12H^++10e^- \rightleftharpoons I_2+6H_2O$	$+1.20$
$O_2(g)/H_2O$	$O_2(g)+4H^++4e^- \rightleftharpoons 2H_2O$	$+1.229$
MnO_2/Mn^{2+}	$MnO_2+4H^++2e^- \rightleftharpoons Mn^{2+}+2H_2O$	$+1.23$
$Cr_2O_7^{2-}/Cr^{3+}$	$Cr_2O_7^{2-}+14H^++6e^- \rightleftharpoons 2Cr^{3+}+7H_2O$	$+1.33$
$Cl_2(g)/Cl^-$	$Cl_2(g)+2e^- \rightleftharpoons 2Cl^-$	$+1.39$
$PbO_2(s)/Pb^{2+}$	$PbO_2(s)+4H^++2e^- \rightleftharpoons Pb^{2+}+2H_2O$	$+1.455$
$ClO_3^-/Cl_2(g)$	$2ClO_3^-+12H^++10e^- \rightleftharpoons Cl_2(g)+6H_2O$	$+1.47$
MnO_4^-/Mn^{2+}	$MnO_4^-+8H^++5e^- \rightleftharpoons Mn^{2+}+4H_2O$	$+1.51$
$HOCl/Cl_2(g)$	$2HOCl+2H^++2e^- \rightleftharpoons Cl_2(g)+2H_2O$	$+1.63$
H_2O_2/H_2O	$H_2O_2+2H^++2e^- \rightleftharpoons 2H_2O$	$+1.77$
$Co^{3+}/Co^{2+}(H_2SO_4)$	$Co^{3+}+e^- \rightleftharpoons Co^{2+}$	$+1.8$
$S_2O_8^{2-}/SO_4^{2-}$	$S_2O_8^{2-}+2e^- \rightleftharpoons 2SO_4^{2-}$	$+2.01$
$F_2(g)/F^-$	$F_2(g)+2e^- \rightleftharpoons 2F^-$	$+2.87$
$F_2(g)/HF$	$F_2(g)+2H^++2e^- \rightleftharpoons 2HF$	$+3.06$

注：数据主要录自 John A. Dean. Lange's Handbook of Chemistry. 13th. 1985.

附录9 常用试剂的处理和配制

试 剂 名 称	配 制 方 法
饱和氯水	水中通入氯气至饱和
饱和溴水	溶解 15g 溴化钾于 $100cm^3$ 蒸馏水中,加入 10g 溴,振荡使溶解
碘-碘化钾溶液	2g 碘+5g 碘化钾溶于 $100cm^3$ 水中
铬酸酐-硫酸试剂	溶解 12.4g 三氧化铬于 $6cm^3$ 浓硫酸中,小心用蒸馏水稀释至 $100cm^3$
品红溶液	品红固体 0.05g,加入蒸馏水 $100cm^3$,配成品红溶液
六氰合铁酸钾试液 $K_3[Fe(CN)_6]$	溶解 0.7~1g 六氰合铁酸钾于适量水中,稀释至 $100cm^3$(使用前临时配制)
镁试剂(偶氮紫)	溶解 0.01g 偶氮紫于 $1dm^3$ $1mol \cdot dm^{-3}$ 的 NaOH 溶液中

试 剂 名 称	配 制 方 法
奈氏试剂	溶解 115g HgI_2 和 80g KI 于水中,稀释至 $500cm^3$,加入 $500cm^3$ $6mol \cdot dm^{-3}$ 的 NaOH 溶液,静置后,取其清液,保存在棕色瓶中
碘化铋钾试剂	次硝酸铋 8g 溶于 $17cm^3$ 30％硝酸,搅拌下慢慢滴加到含有碘化钾 27.2g 的 $20cm^3$ 蒸馏水溶液中,静置过夜,取上层清液加水稀释至 $100cm^3$
Tollens 试剂(托伦试剂)	加 $20cm^3$ 5％硝酸银溶液于干净试管内,加入 1 滴 10％氢氧化钠溶液,然后滴加 2％ 氨水,摇动试管,直至沉淀刚好溶解 　配制 Tollens 试剂时应防止加入过量的氨水。否则,将生成雷酸银(Ag—O—NC), 受热后将引起爆炸,试剂本身还将失去灵敏性 　Tollens 试剂久置后将析出黑色的氮化银(Ag_3N)沉淀,它受震动时分解,发生猛烈 爆炸,有时潮湿的氮化银也能引起爆炸。因此 Tollens 试剂必须现用现配
莫利西(Molisch)试剂	α-萘酚 10g 溶于 95％乙醇内,再用 95％乙醇稀释至 $100cm^3$
2,4-二硝基苯肼试剂	2,4-二硝基苯肼 3g,溶于 $15cm^3$ 浓硫酸中,将此酸性溶液慢慢加入 $70cm^3$ 95％乙醇 中,再加蒸馏水稀释到 $100cm^3$,过滤。取滤液保存于棕色试剂瓶中
淀粉溶液(0.5％)	0.5g 淀粉加少量冷水调成糊状,倒入 $100cm^3$ 沸水中,煮沸后冷却即可
Fehling 试剂(斐林试剂)	斐林试剂 A:溶解 3.5g 硫酸铜晶体($CuSO_4 \cdot 5H_2O$)于 $100cm^3$ 水中,浑浊时过滤 　斐林试剂 B:溶解酒石酸钾钠晶体 17g 于 15～$20cm^3$ 热水中,加入 $20cm^3$ 20％的 NaOH,稀释至 $100cm^3$ 　以上溶液要分别贮藏,使用时取等量试剂 A 及试剂 B 混合。氢氧化铜是沉淀,不易 与样品作用,有酒石酸钾钠存在时,氢氧化铜沉淀溶解形成深蓝色的溶液
Benedict 试剂	溶解 20g 柠檬酸钠和 11.5g 无水碳酸钠于 $100cm^3$ 热水中。在不断搅拌下把含 2g 硫酸铜结晶的 $20cm^3$ 水溶液慢慢地加到此柠檬酸钠和碳酸钠溶液中。此混合液应十 分清澈,否则,需过滤。试剂贮存于试剂瓶中,用胶塞塞紧。Benedict 试剂在放置时不 易变质,亦不必像 Fehling 试剂那样配成 A、B 液,分别保存,比 Fehling 试剂使用更 方便
Na_2S	溶解 240g $Na_2S \cdot 9H_2O$ 和 40g NaOH 于水中,稀释至 $1dm^3$
1％淀粉溶液	将 1g 淀粉和少量冷水调成糊状,溶于 $100cm^3$ 蒸馏水中,煮沸后冷却
饱和亚硫酸氢钠溶液	在 40％的 $100cm^3$ 亚硫酸钠溶液中,加入 $25cm^3$ 不含醛的无水乙醇。混合后,如 有少量的亚硫酸钠析出,必须滤去或倾泻上层清液。此溶液不稳定,一般在实验前随 配随用
0.1％茚三酮-乙醇溶液	将 0.1g 茚三酮溶于 $100cm^3$ 乙醇中,用时现配。此溶液应在两天内用完,放置过久, 易变质
蛋白质溶液	取蛋清 $25cm^3$,加入蒸馏水 100～$150cm^3$,搅拌,混匀后,用 3～4 层纱布或丝绸过滤, 滤去析出的球蛋白即得到清亮的蛋白质溶液
铬酸酐-硫酸试剂	取 25g 铬酸酐(CrO_3)加入到 $25cm^3$ 浓硫酸中,搅拌直至形成均匀的浆状液,然后用 $7cm^3$ 蒸馏水小心稀释浆状液,搅拌,直至形成清亮的橙色溶液即可
铬酸洗液	称取 20g 研细的工业用 $K_2Cr_2O_7$,放入 $500cm^3$ 烧杯中,加少量水,加热使之溶解,待 其溶解后冷却,再慢慢加入 $300cm^3$ 浓硫酸(工业品),并不时搅动,得暗红色洗液,冷后 注入干燥的试剂瓶中盖严备用。多次使用后,效力减弱时,加入少量高锰酸钾粉末即 可再生
$0.5mol \cdot dm^{-3}$ 三氯化铁	将 135.2g $FeCl_3 \cdot 6H_2O$ 溶于 $100cm^3$ $6mol \cdot dm^{-3}$ HCl 溶液中,加水稀释至 $1000cm^3$
$0.25mol \cdot dm^{-3}$ 硫酸亚铁	将 69.5g $FeSO_4 \cdot 7H_2O$ 溶于适量水中,加入 $5cm^3$ 浓硫酸,加水稀释至 $1000cm^3$,并 加入小铁钉数枚

参 考 文 献

［1］ 李霁良. 微型半微型有机化学实验. 第2版. 北京：高等教育出版社，2013.

［2］ 甘孟瑜，曹渊. 大学化学实验. 重庆：重庆大学出版社，2008.

［3］ 袁天佑，吴文伟，王清. 无机化学实验. 上海：华东理工大学出版社，2005.

［4］ 倪静安，高世萍等编. 无机及分析化学实验. 北京：高等教育出版社，2007.

［5］ 武汉大学化学与分子科学学院实验中心. 无机化学实验. 第2版. 武汉：武汉大学出版社，2012.

［6］ 周旭光，许金霞，于洺. 无机化学实验与学习指导. 北京：清华大学出版社，2013.

［7］ 毛海荣. 无机化学实验. 南京：东南大学出版社，2006.

［8］ 柯以侃. 大学化学实验. 北京：化学工业出版社，2001.

［9］ 刘秉涛. 工科大学化学实验. 哈尔滨：哈尔滨工业大学出版社，2006.

［10］ John A. Dean. Lange's Handbook of Chemistry. 13th edition. 1985.

元素周期表

IUPAC 2013

氧化态(单质的氧化态为0,
未列入；常见的为红色)

以 $^{12}C=12$ 为基准的原子量
(注：•的是半衰期最长同位
素的原子量)

	原子序数
95	元素符号(红色的为放射性元素)
Am	元素名称(注▲的为人造元素)
镅▲	价层电子构型
5f^{7}7s^2	
243.06138(2)•	

s区元素　p区元素
d区元素　ds区元素
f区元素　稀有气体

族周期	1 ⅠA	2 ⅡA	3 ⅢB	4 ⅣB	5 ⅤB	6 ⅥB	7 ⅦB	8	9 ⅧB(Ⅷ)	10	11 ⅠB	12 ⅡB	13 ⅢA	14 ⅣA	15 ⅤA	16 ⅥA	17 ⅦA	18 ⅧA(0)	电子层
1	1 **H** 氢 1s^1 1.008																	2 **He** 氦 1s^2 4.002602(2)	K
2	3 **Li** 锂 2s^1 6.94	4 **Be** 铍 2s^2 9.0121831(5)											5 **B** 硼 2s^{2}2p^1 10.81	6 **C** 碳 2s^{2}2p^2 12.011	7 **N** 氮 2s^{2}2p^3 14.007	8 **O** 氧 2s^{2}2p^4 15.999	9 **F** 氟 2s^{2}2p^5 18.998403163(6)	10 **Ne** 氖 2s^{2}2p^6 20.1797(6)	L K
3	11 **Na** 钠 3s^1 22.98976928(2)	12 **Mg** 镁 3s^2 24.305											13 **Al** 铝 3s^{2}3p^1 26.9815385(7)	14 **Si** 硅 3s^{2}3p^2 28.085	15 **P** 磷 3s^{2}3p^3 30.973761998(5)	16 **S** 硫 3s^{2}3p^4 32.06	17 **Cl** 氯 3s^{2}3p^5 35.45	18 **Ar** 氩 3s^{2}3p^6 39.948(1)	M L K
4	19 **K** 钾 4s^1 39.0983(1)	20 **Ca** 钙 4s^2 40.078(4)	21 **Sc** 钪 3d^{1}4s^2 44.955908(5)	22 **Ti** 钛 3d^{2}4s^2 47.867(1)	23 **V** 钒 3d^{3}4s^2 50.9415(1)	24 **Cr** 铬 3d^{5}4s^1 51.9961(6)	25 **Mn** 锰 3d^{5}4s^2 54.938044(3)	26 **Fe** 铁 3d^{6}4s^2 55.845(2)	27 **Co** 钴 3d^{7}4s^2 58.933194(4)	28 **Ni** 镍 3d^{8}4s^2 58.6934(4)	29 **Cu** 铜 3d^{10}4s^1 63.546(3)	30 **Zn** 锌 3d^{10}4s^2 65.38(2)	31 **Ga** 镓 4s^{2}4p^1 69.723(1)	32 **Ge** 锗 4s^{2}4p^2 72.630(8)	33 **As** 砷 4s^{2}4p^3 74.921595(6)	34 **Se** 硒 4s^{2}4p^4 78.971(8)	35 **Br** 溴 4s^{2}4p^5 79.904	36 **Kr** 氪 4s^{2}4p^6 83.798(2)	N M L K
5	37 **Rb** 铷 5s^1 85.4678(3)	38 **Sr** 锶 5s^2 87.62(1)	39 **Y** 钇 4d^{1}5s^2 88.90584(2)	40 **Zr** 锆 4d^{2}5s^2 91.224(2)	41 **Nb** 铌 4d^{4}5s^1 92.90637(2)	42 **Mo** 钼 4d^{5}5s^1 95.95(1)	43 **Tc** 锝▲ 4d^{5}5s^2 97.90721(3)•	44 **Ru** 钌 4d^{7}5s^1 101.07(2)	45 **Rh** 铑 4d^{8}5s^1 102.90550(2)	46 **Pd** 钯 4d^{10} 106.42(1)	47 **Ag** 银 4d^{10}5s^1 107.8682(2)	48 **Cd** 镉 4d^{10}5s^2 112.414(4)	49 **In** 铟 5s^{2}5p^1 114.818(1)	50 **Sn** 锡 5s^{2}5p^2 118.710(7)	51 **Sb** 锑 5s^{2}5p^3 121.760(1)	52 **Te** 碲 5s^{2}5p^4 127.60(3)	53 **I** 碘 5s^{2}5p^5 126.90447(3)	54 **Xe** 氙 5s^{2}5p^6 131.293(6)	O N M L K
6	55 **Cs** 铯 6s^1 132.90545196(6)	56 **Ba** 钡 6s^2 137.327(7)	57~71 La~Lu 镧系	72 **Hf** 铪 5d^{2}6s^2 178.49(2)	73 **Ta** 钽 5d^{3}6s^2 180.94788(2)	74 **W** 钨 5d^{4}6s^2 183.84(1)	75 **Re** 铼 5d^{5}6s^2 186.207(1)	76 **Os** 锇 5d^{6}6s^2 190.23(3)	77 **Ir** 铱 5d^{7}6s^2 192.217(3)	78 **Pt** 铂 5d^{9}6s^1 195.084(9)	79 **Au** 金 5d^{10}6s^1 196.966569(5)	80 **Hg** 汞 5d^{10}6s^2 200.592(3)	81 **Tl** 铊 6s^{2}6p^1 204.38	82 **Pb** 铅 6s^{2}6p^2 207.2(1)	83 **Bi** 铋 6s^{2}6p^3 208.98040(1)	84 **Po** 钋▲ 6s^{2}6p^4 208.98243(2)•	85 **At** 砹▲ 6s^{2}6p^5 209.98715(5)•	86 **Rn** 氡▲ 6s^{2}6p^6 222.01758(2)•	P O N M L K
7	87 **Fr** 钫▲ 7s^1 223.01974(2)•	88 **Ra** 镭▲ 7s^2 226.02541(2)•	89~103 Ac~Lr 锕系	104 **Rf** 𬬻▲ 6d^{2}7s^2 267.122(4)•	105 **Db** 𬭊▲ 6d^{3}7s^2 270.131(4)•	106 **Sg** 𬭳▲ 6d^{4}7s^2 269.129(3)•	107 **Bh** 𬭛▲ 6d^{5}7s^2 270.133(2)•	108 **Hs** 𬭶▲ 6d^{6}7s^2 270.134(2)•	109 **Mt** 鿏▲ 6d^{7}7s^2 278.156(5)•	110 **Ds** 𫟼▲ 281.165(4)•	111 **Rg** 𬬭▲ 281.166(6)•	112 **Cn** 鿔▲ 285.177(4)•	113 **Nh** 鿭▲ 286.182(5)•	114 **Fl** 𫓧▲ 289.190(4)•	115 **Mc** 镆▲ 289.194(6)•	116 **Lv** 𫟷▲ 293.204(4)•	117 **Ts** 鿬▲ 293.208(6)•	118 **Og** 鿫▲ 294.214(5)•	Q P O N M L K

★镧系

57 **La** 镧 5d^{1}6s^2 138.90547(7)	58 **Ce** 铈 4f^{1}5d^{1}6s^2 140.116(1)	59 **Pr** 镨 4f^{3}6s^2 140.90766(2)	60 **Nd** 钕 4f^{4}6s^2 144.242(3)	61 **Pm** 钷▲ 4f^{5}6s^2 144.91276(2)•	62 **Sm** 钐 4f^{6}6s^2 150.36(2)	63 **Eu** 铕 4f^{7}6s^2 151.964(1)	64 **Gd** 钆 4f^{7}5d^{1}6s^2 157.25(3)	65 **Tb** 铽 4f^{9}6s^2 158.92535(2)	66 **Dy** 镝 4f^{10}6s^2 162.500(1)	67 **Ho** 钬 4f^{11}6s^2 164.93033(2)	68 **Er** 铒 4f^{12}6s^2 167.259(3)	69 **Tm** 铥 4f^{13}6s^2 168.93422(2)	70 **Yb** 镱 4f^{14}6s^2 173.045(10)	71 **Lu** 镥 4f^{14}5d^{1}6s^2 174.9668(1)

★锕系

89 **Ac** 锕▲ 6d^{1}7s^2 227.02775(2)•	90 **Th** 钍▲ 6d^{2}7s^2 232.0377(4)	91 **Pa** 镤▲ 5f^{2}6d^{1}7s^2 231.03588(2)•	92 **U** 铀▲ 5f^{3}6d^{1}7s^2 238.02891(3)	93 **Np** 镎▲ 5f^{4}6d^{1}7s^2 237.04817(2)•	94 **Pu** 钚▲ 5f^{6}7s^2 244.06421(4)•	95 **Am** 镅▲ 5f^{7}7s^2 243.06138(2)•	96 **Cm** 锔▲ 5f^{7}6d^{1}7s^2 247.07035(3)•	97 **Bk** 锫▲ 5f^{9}7s^2 247.07031(4)•	98 **Cf** 锎▲ 5f^{10}7s^2 251.07959(3)•	99 **Es** 锿▲ 5f^{11}7s^2 252.0830(3)•	100 **Fm** 镄▲ 5f^{12}7s^2 257.09511(5)•	101 **Md** 钔▲ 5f^{13}7s^2 258.09843(3)•	102 **No** 锘▲ 5f^{14}7s^2 259.10100(7)•	103 **Lr** 铹▲ 5f^{14}6d^{1}7s^2 262.110(2)•